Ulrich Schmid

Mit den wichtigsten **Dos** & **Don'ts**

Vogelparadies Garten

So wird dein Garten vogelfreundlich

KOSMOS

Inhalt

Die Reihe mit den Dos & Don'ts

Do! *Don't*

⟶ Dos & Don'ts für einen vogelfreundlichen Garten. Hier erfährst du auf einen Blick, worauf du achten solltest.

90 Service

Gestaltung

Naturnah & vielfältig

Lebensraum Garten

Gärten sind in der Natur nicht vorgesehen. Sie verdanken ihre Anlage ebenso wie ihren Erhalt der pflegenden Hand des Menschen. Ein Garten, sich selbst überlassen, wird sehr schnell von der Natur zurückerobert. Innerhalb erstaunlich kurzer Zeit schwindet die Ordnung: Beete werden unkenntlich, Wege wachsen zu, Gebüsche machen sich breit. Viele Pflanzenarten verschwinden, andere breiten sich hemmungslos aus und überwuchern große Flächen. In Gärten wird also, etwas überspitzt ausgedrückt, Ordnung gegen die Natur aufrechterhalten. Naturschutz im Garten – ist das also nicht von vornherein ein Widerspruch? Nicht ganz, denn Naturschutz beginnt im Kleinen, bei Schutz- und Hilfsmaßnahmen für einzelne Arten. Und hier bieten Gärten viele Möglichkeiten. Verwandle deinen Garten zu einem Paradies der Artenvielfalt! Es ist einfacher, als du denkst.

Wilder Wein verschönt langweilige Fassaden und bietet Vögeln Nahrung und Nistplätze.

Natur einziehen lassen

Zunächst: Den Garten der heimischen Natur zu öffnen, unterliegt keiner Alles-oder-nichts-Regel. Du brauchst nicht unbedingt komplett Abschied nehmen vom gepflegten Rasen, wenn du diesen gut findest. Auch kleine Schritte führen in die richtige Richtung: mit Wildem Wein oder Efeu begrünte Fassaden, Rasensteine statt Asphalt auf der Einfahrt, Mauerpfeffer und Hauswurz auf dem Carport, ein Holunder statt einer Blautanne im Vorgarten, verblühte Stauden im Beet bis zum Frühjahr stehen lassen, ein Holzstapel – es gibt viele Möglichkeiten, sich dem Ideal zu nähern, ohne seinen Garten verwildern zu lassen. Typisch für alle Gärten ist die Kombination vieler Elemente auf kleinem Raum. Das gilt auch für Naturgärten. Mehr als andere sind sie aber „Landschaftskonzentrate", die Wiesen und Wildblumenbeete, Gebüsche und Bäume, Teiche, Trockenmauern oder Lesesteinhaufen vereinigen. Wer so gestaltet, braucht sich um die Vielfalt der Tierwelt keine Sorgen zu machen. Sie stellt sich im Gefolge der heimischen

Eine Amsel lässt sich die Früchte des Weißdorns schmecken.

Flora von alleine ein. Also: Gib heimischen Pflanzen den Vorzug, wo immer du kannst. Diese sind der wichtigste Schlüssel zur Artenvielfalt im Garten. Selbstverständlich gehört es auch zum Prinzip, kein Gift einzusetzen. Die chemische Keule gegen tierische „Schädlinge", unerwünschte Pflanzen und Pilze trifft ebenso deren nützliche natürliche Gegenspieler. Und weil Vögel im Garten am Ende der Nahrungsketten stehen, am Schluss immer auch diese.

Mein Tipp

Setze „Landschaftskonzentrate" wie Wiesen und Wildblumenbeete, Gebüsche und Bäume, Teiche, Trockenmauern oder Lesesteinhaufen ein, um die Artenvielfalt in deinem Garten zu fördern.

Gartenvögel

Natürlich können wir im Garten nicht allen helfen. Die Vögel der offenen Landschaft wie Rebhuhn oder Feldlerche brauchen die weite Fläche und den offenen Horizont. Für Arten der Feldgehölze und Hecken, der Waldränder und Obstwiesen dagegen können Gärten wichtige Rückzugsgebiete werden. Meisen, Bluthänfling, Stieglitz, Feldsperling und viele andere fühlen sich im kleinräumigen Mosaik einer Gartenlandschaft überaus wohl.

Wie viele Arten leben im Hausgarten?

Das ist gar nicht so einfach zu ermitteln. Eine englische Biologin erfasste 30 Jahre lang alles, was in ihrem Garten kreuchte und fleuchte. Am Ende kam sie auf 2.673 verschiedene Arten! Die meisten davon sind klein und unauffällig. Das Heer der Insekten dominiert. Aber gerade diese sind die Lebensgrundlage der meisten Gartenvögel. Eines wird aus dieser „Volkszählung" auch klar: Selbst in kleinen Gärten schlummert ein gewaltiges und noch viel zu wenig genutztes Potenzial für den Naturschutz. Je mehr wir hier für Vögel und andere heimische Lebewesen tun, desto eher werden die Gärten zu einem das ganze Land überziehenden Lebensraum-Netz.

Ein Tag im Spatzenleben

Was braucht ein Vogel?

5 Uhr: Die Nacht im Nest habe ich hinter der Verschalung verbracht, zusammen mit meinem Weibchen. Wir Spatzen sind uns schließlich lebenslang treu – von gelegentlichen Seitensprüngen mal abgesehen. Jetzt, 15 Minuten vor Sonnenaufgang, ist Zeit zum Singen.

7 Uhr: Futter muss her. Wie immer sind wir im Trupp unterwegs. Wir suchen Samen und Blättchen von Wildkräutern.

9 Uhr: Kurze Siesta. Wir versammeln uns alle in der dichten Hausbegrünung, putzen das Gefieder, plustern uns auf und lassen unseren Chorgesang hören: ein vielstimmiges Tschilpen.

10 Uhr: Nestbau ist zeitraubend: Stroh und Heu, zur Auspolsterung dann feine Halme, Haare oder Federn, wenigstens 1.500 Einzelteile, alle im Umkreis von 50 m gesammelt! Mancher holt auch Material vom Nachbarn, schließlich liegen unsere Nester unter der Verschalung im Halbmeterabstand. Wenn das überhandnimmt, kommt es zu schweren Prügeleien mit anderen Männchen.

11 Uhr: Wieder Nahrungssuche. Große Insekten sind unterwegs. Ich mach es wie der Fliegenschnäpper, starte von der Dachrinne und fange sie im Flug. Andere suchen im Gras nach Futter oder lesen die Insekten im Rüttelflug von den Büschen ab.

13 Uhr: Fliegeralarm! Eines der Weibchen hat einen Sperber entdeckt. Wir verstummen sofort, stürzen in Deckung in den Weißdorn und frieren minutenlang bewegungslos ein. Manche Sperber decken ihren Lebensunterhalt zur Hälfte aus uns Spatzen!

14 Uhr: Sandbaden ist angesagt, ein seltener Genuss, weil die „Badeplätze“ knapp sind: intensive Gefiederpflege und ausgedehntes Sonnen in entspannter Atmosphäre. Trotzdem passt immer jemand auf. Bei der geringsten Störung sind wir im nächsten Busch.

15 Uhr: Eigentlich reicht ja einmal für das ganze Gelege. Aber wir sehen das nicht so eng und paaren uns ziemlich oft. Dazu treffen wir uns zu ein paar zärtlichen Minuten an unserem Nest.

16 Uhr: Eine frisch gemähte Wiese! Das heißt: jede Menge auf den Boden gefallene Samen. Ich entdecke das als Erster, rufe die ganze Truppe und warte, bis alle da sind. Erst dann beginne ich selbst zu fressen. Unser Tagesbedarf liegt bei etwa 8 g.

17 Uhr: Baden oder Duschen? Wir treffen uns heute mal unter dem Rasensprenger. Zum Trinken und Baden steuern wir sonst den wohlbekannten Gartenteich an.

18 Uhr: Und wieder Pause in der Sonne, gut geschützt im dichten Gebüsch: Sonnen, Putzen, Singen. Danach arbeiten wir noch ein Stündchen am Nest.

21 Uhr: Kurz vor Sonnenuntergang. Schluss für heute. Kann gut sein, dass morgen das erste Ei im Nest liegt. Dann beginnt unsere zweite Brut und nachher die Fütterungszeit – ein harter Job mit einem 15-Stunden-Tag für beide Eltern!

001

So tönt der Spatz!
Wenn Spatzen im Trupp unterwegs sind, scheinen sie sich ständig zu unterhalten.

Bäume, Hecken & Gebüsche

Bäume bringen Vögel in den Garten. Eine ausgewachsene Eiche passt zwar nicht in jeden Garten, aber auch wer wenig Platz hat, muss nicht auf Gehölze verzichten. Ein Vogelbeerbaum (siehe S. 80) wird nicht übermäßig groß und trägt seinen Namen zurecht. Besonders pflegeleicht sind Arten, die du „auf Stock setzen" kannst, also radikal kappen. Dazu gehören Salweide (siehe S. 78) und Hasel (siehe S. 79). Die Kätzchen der schnellwüchsigen Salweide sind im Frühling oft die wichtigste Nahrungsquelle für Insekten. An sonnigen Tagen summt dort die Luft richtig. Das lockt früh heimkehrende Insektenfresser wie den Zilpzalp (siehe S. 67) an. Die Hasel ist wegen ihrer Nüsse für Vögel im Herbst attraktiv. Die Klassiker unter den Gartenbäumen sind die Obstbäume. Sie nutzen Mensch und Tier gleichermaßen. Bei der Schädlingsbekämpfung sollten wir den Vögeln vertrauen – Gift im Garten verträgt sich nicht mit Vogelschutz. Vor allem die Meisen erweisen sich als effektive Helfer. Bei manchen Früchten bitte aufpassen: Was Vögeln schmeckt, kann für Menschen ungenießbar oder giftig sein. Wenn Kinder im Garten spielen, weise sie darauf hin, dass die Früchte von Pfaffenhütchen, Liguster, Heckenkirsche und Schneeball giftig sind!

Im Frühjahr besticht der Vogelbeerbaum durch seine weiße Blütenpracht, im Herbst locken Früchte.

Immergrünes

Einzelne immergrüne Gewächse wie Thuja oder Wacholder dürfen ruhig sein. Sie geben im Winter Deckung und Nahrung. Vögel, die wie Grünfinken und Hänflinge schon vor dem Laubaustrieb mit der Brut beginnen, bauen hier auch gern ihre Nester.

Hecken & Gebüsche

Büsche, ob einzeln gepflanzt oder als Hecken, gliedern den Garten, lockern auf und grenzen ab. Optimal für Vögel ist eine Mischung aus früh blühenden und zeitlich gestaffelt fruchtenden Arten. Bereits vor dem Laubaustrieb blüht die Kornelkirsche. Sie zieht frühe Insekten (und damit auch Vögel) an und bietet eine echte Alternative zu den allerorts gepflanzten

002

Schritt für Schritt
Hier kannst du sehen, welche Schritte bei der Pflanzung zu beachten sind.

Forsythien, die für heimische Tiere gänzlich unattraktiv sind. Schwarzer Holunder darf nicht fehlen. Seine üppigen Blütenstände wimmeln von Insekten, die Früchte (oder ihre Kerne) werden von vielen Vögeln gefressen. Dritter im Bunde sollte der Weißdorn sein. Wertvoll sind sowohl die Blüten als auch die Früchte. Darüber hinaus schützen dornige Sträucher wie Weißdorn oder von Brombeeren durchrankte Gebüsche die Brutplätze vor dem Zugriff von Nestplünderern.

Schnitthecken

Liguster, Feldahorn und Hainbuche kannst du gut in Form schneiden; als Hecke bieten sie Schutz – und sie brauchen weniger Platz als freistehende Sträucher. Mein Favorit für die Schnitthecke ist die Hainbuche (siehe S. 79). Sie bietet gute Nistmöglichkeiten und verliert ihre dürren Blätter erst kurz vor dem Austreiben des frischen Laubes im nächsten Frühjahr.

Pflanzen für Gebüsche

Name	Höhe	Blütezeit	Früchte
Kornelkirsche *(Cornus mas)*	6 m	Februar	August bis September
Blutroter Hartriegel *(Cornus sanguinea)*	4 m	Mai	Juni bis September
Weißdorn *(Crataegus)*	10 m	Mai bis Juni	August bis September
Pfaffenhütchen *(Euonymus europaeus)*	3 m	Mai bis Juni	August bis Oktober
Gemeiner Liguster *(Ligustrum vulgare)*	5 m	Mai bis Juli	September bis Oktober
Rote Heckenkirsche *(Lonicera xylosteum)*	2 m	April bis Mai	August bis September
Schwarzer Holunder *(Sambucus nigra)*	bis zu 7 m	Mai bis Juni	August bis September
Trauben-Holunder *(Sambucus racemosa)*	3 m	Mai	Juli bis August
Wolliger Schneeball *(Viburnum lantana)*	2,5 m	Mai bis Juni	August bis September

Blumen im Garten

Rasen und Wiese: Beide haben im Garten ihre Berechtigung. Wo Platz zum Spielen gebraucht wird, muss Rasen her. Eine Wiese überlebt kein Fußballspiel unbeschadet. Aus biologischer Sicht liegen Welten zwischen Rasen und Wiesen. Ein Rasen gilt als schön, wenn er sich dem Ideal des grünen Teppichs nähert. Das setzt intensive Pflege voraus. Nur wenige Gräser halten den wöchentlichen Schnitt aus; Rasen sind deshalb (fast) Monokulturen. Das Wesen der Wiese ist dagegen Vielfalt: der Arten, der Farben, der Erscheinungsform – denn Wiesen sehen im Frühjahr ganz anders aus als im Herbst. Rasen ist höchstens Jagdrevier für die Amsel, die dort gerne Würmer sucht. Blumenwiesen dagegen sind für Vögel doppelt attraktiv, einerseits durch die Pflanzen selbst, andererseits durch die Vielzahl von Insekten, die durch die Blütenpracht angelockt werden. Aber auch die Vegetarier unter den Gartenvögeln wie Grünfinken, Hänflinge

Bunte, nektarreiche Blumen ziehen viele Insekten an, diese wiederum zahlreiche Vögel.

oder Stieglitze kommen auf ihre Kosten: Einen großen Teil ihrer Nahrung stellen Wildkräuter („Unkräuter") und deren Samen. Erster „Großlieferant" ist der Löwenzahn, dessen Samen bereits lange vor der Reife aus den Blütenkörbchen gezupft werden. Besonders Grünfinken sind scharf auf die milchreifen Löwenzahnsamen; im Gegensatz zu vielen anderen Körnerfressern verfüttern sie nämlich kaum Insekten, sondern ziehen ihre Jungen weitgehend mit pflanzlicher Kost auf.

Heimische Stauden für Vögel

Baldrian, Beinwell, Wald-Engelwurz, Wilde Karde, Kornblume, Mädesüß, Gemeiner Natternkopf, Pastinak, Wasserdost und Schmalblättriges Weidenröschen. Wenn du diese Stauden pflanzt, finden Insekten von Mai bis Oktober immer etwas Blühendes vor.

Blumen für Vögel

Wenn du keinen Platz für eine Wiese hast, kannst du im Staudenbeet Ausgleich schaffen. Pflanze die Blumen nach dem Motto „Nektar für alle", dann wirst du durch ein reiches Insektenleben belohnt und das lockt auch insekten-

Fassadenbrüter: Der Zaunkönig hat sein kugeliges Moosnest im dichten Efeu einer Wandbegrünung gebaut.

fressende Vögel an. Dolden- und Korbblütler bieten Nektar und Pollen offen an; das schätzen Bienen, Schwebfliegen und Käfer. Schmetterlinge und Hummeln saugen gerne an Lippenblütlern mit tiefen Kelchen. Pflanzen, die reichlich Samen bilden, liefern leckeres Vogelfutter. Neben dem Klassiker, der Sonnenblume, kommen viele Arten infrage. Die Vögel danken es dir auch, wenn du hier und da eine Vogelmiere oder einen Gauchheil stehen lässt. Solches „Unkraut" siedelt sich spontan an. Hier besteht unser Beitrag zum Naturschutz im Stehenlassen – nicht überall, aber es gibt in deinem Garten sicher Stellen, an denen Wildkräuter ihren Charme entfalten können.

Grüne Fassaden

Kletterpflanzen verwandeln sterile Mauern und Wände in lebendige Teppiche. Wie von selbst entstehen in den grünen Fassaden Verstecke und Brutplätze für Vögel. Das Futter wird frei Haus geliefert: Spinnen und Insekten sind häufig. (Keine Angst: Sie kommen selten ins Haus.) Für die Gewöhnliche Jungfernrebe, Glyzinie, Jelängerjelieber oder Clematis brauchst du Rankgerüste. Dagegen halten sich Wilder Wein und Efeu selbst fest, der Wein mit Haftfüßchen, der heimische Efeu mit Haftwurzeln.

Do!

- Gib Wildkräutern wie Löwenzahn, Gauchheil oder Vogelmiere einen Platz in deinem Garten, denn sie sind wichtige Nahrungslieferanten für Vögel.
- Begrüne Wandflächen und biete durch die Kletterpflanzen Brut- und Nistplätze

Don't

- Verzichte auf zu häufiges Mähen

Gärten für Insekten

Ohne Insekten geht gar nichts: Die meisten Pflanzen setzen auf eine enge Kooperation mit den kleinen Fliegern und sind für die eigene Fortpflanzung vollständig von der Bestäubung durch Bienen, Fliegen, Käfer oder Schmetterlinge abhängig. Einige Insekten gelten im Garten zwar als Schädlinge – denk zum Beispiel an die Blattläuse –, aber es sind wieder Insekten, die diese fressen oder parasitieren und dadurch in Schach halten. Im Boden gehören Insektenlarven zu den wichtigsten Recyclern, die organische Stoffe im Komposthaufen und Boden verwerten und zu fruchtbarem Humus verarbeiten. Und nicht zuletzt ernähren die Insekten Millionen von Vögeln. Manche Vogelarten sind komplett auf Insektennahrung angewiesen, wie zum Beispiel Schwalben und Mauersegler. Ein großer Teil unserer Gartenvögel frisst nicht ausschließlich, aber überwiegend Insekten oder Spinnentiere, wie zum Beispiel die Rotschwänze, Schnäpper,

Die Raupen des Schwalbenschwanzes fressen Doldenblütler wie die Wilde Möhre.

Nektarreiche Blüten locken den prächtigen Schwalbenschwanz in den Garten.

Blaumeisen ziehen ihre Brut mit Insekten auf.

Grasmücken, Rotkehlchen oder Zaunkönig. Selbst die meisten Finken, die sich mit ihrem starken Schnabel als Körnerfresser ausweisen, verwöhnen ihre Jungen anfangs mit zarter Insektennahrung.

Insektensterben

Die Zahl der Insekten geht dramatisch zurück. Schlagartig wurde das in Deutschland im Jahr 2013 mit der „Krefeld-Studie" bewusst: Die Zahl der Fluginsekten war innerhalb von knapp 30 Jahren auf 25 Prozent zurückgegangen. Das Schlagwort vom „Insektensterben" wurde geprägt. Zahlreiche Studien beweisen, dass das Insektensterben als Folge von Lebensraumvernichtung und Gifteinsatz vor allem in der Landwirtschaft ein weltweites Phänomen ist. Weil Insekten in allen Land-Ökosystemen eine entscheidende Rolle spielen, hat das weitreichende Konsequenzen. Wenn du im Artenteil ab S. 50 alle Vogelarten durchstreichst, die Insekten fressen, bleiben nicht besonders viele übrig ...

Insektenschutz ist Vogelschutz

Das heißt: Wenn du deinen Garten zum Vogelparadies machen willst, muss er auf jeden Fall auch ein Insektenparadies sein! Den ersten Schritt kennst du schon: Eine große Vielfalt pollen- und nektarspendender Pflanzen in Hecke, Beet und Wiese. Blühen sie gestaffelt von Frühjahr bis Herbst, ist das Nahrungsan-

Ein reiches Angebot an Pollen und Nektar lockt Insekten wie dieses Taubenschwänzchen in den Garten.

gebot für Insekten schon einmal gesichert. Genauer gesagt: Für die erwachsenen Insekten. Das aber genügt nicht. Denn nur dort, wo Insekten sich fortpflanzen können, ist ihr Bestand wirklich gesichert! Damit hilft man auch den Gartenvögeln. Viele von ihnen holen sich nämlich lieber Insektenlarven als die schwieriger zu erbeutenden erwachsenen Insekten, die fliegen können.

Vorfahrt für heimische Pflanzen

Viele Insekten sind hoch spezialisiert. Sie brauchen ganz bestimmte Pflanzen als Nahrung für die Larven. Wegen dieser engen Bindung sind aus anderen Kontinenten stammende Gartenpflanzen kaum geeignet: Die heimischen Insekten können wenig damit anfangen. Auch unter den erwachsenen Insekten gibt es solche Spezialisten. Andere sind weniger heikel und besuchen alles, was Pollen und Nektar bietet.

Nisthilfen für Wildbienen

Manche Insektenarten kannst du gezielt fördern. Das gilt zum Beispiel für einige Wildbienenarten. Nisthilfen anzubieten ist aber nur sinnvoll, wenn der Garten auch genügend Nahrung für die Füllung der Brutkammern bietet. Auch Baumaterial wie Erde oder Harz muss verfügbar sein, mit denen die Bienen ihre Nistplätze untergliedern und sicher verschließen. Übrigens: Honigbienen bedürfen keines besonderen Schutzes. Sie sind Haustiere und für die heimischen Wildbienenarten sogar eine unliebsame Konkurrenz. Imkern ist ein schönes Hobby, trägt aber nicht zum Naturschutz bei.

Do!

- Gib heimischen Pflanzenarten Vorfahrt
- Beobachte und genieße die Schönheit und Vielfalt der Insekten in deinem Garten.

Don't

- Setze kein Gift gegen Schädlinge ein, lass dir lieber von den Nützlingen helfen.

Mein Tipp

Beim Bau von Nisthilfen für Wildbienen kann man viel falsch machen. Gute Anleitungen findest du auf den Internetseiten der Naturschutzverbände.

Solche Nisthilfen für Wildbienen kann man einfach selbst bauen.

Wilde Gartenecken für Vögel

Es gibt wenig, mit dem man Vögeln mehr Freude machen kann als mit einem Vogelbad. Sich selbst auch, denn Vögeln beim Baden zuzusehen, ist sehr erfrischend. Wenn dabei das Wasser nach allen Seiten spritzt, zeigt sich gleich ein grundsätzliches Problem: Kleine Vogeltränken sind nach zwei Amselvollbädern leer. Regelmäßiges Nachfüllen, eine Tropfzufuhr oder ein kleiner Gartenteich mit einer leicht zugänglichen, flachen Uferzone schaffen Abhilfe. Fertigteiche passen auch in kleinere Gärten. Bei sinkendem Wasserstand können dort aber für hineingefallene Kleintiere unüberwindliche Barrieren entstehen. Eine Flachwasserzone mit Ausstieg rettet Leben, und nebenbei entsteht ein idealer Badeplatz für Vögel. Achte dabei auf Übersichtlichkeit; Vögel schätzen es gar nicht, wenn sie beim Baden von Katzen überrascht werden.

Wasser zum Trinken

An kühlen Tagen können Vögel ihren Wasserbedarf aus der Nahrung und Tautropfen decken. Wird es dagegen heiß und trocken, brauchen sie eine Gelegenheit zum Trinken. Wichtig ist, dass Wasser verlässlich zur Verfügung steht. Vögel haben ein hervorragendes Ortsgedächtnis und sind sichtlich enttäuscht, wenn die gewohnte Wasserstelle gerade dann ausgetrocknet ist, wenn sie am dringendsten gebraucht wird. Übrigens: Auch im Winter müssen Vögel trinken und baden. Ein besonderer Service ist ein Tränkenwärmer, der Einfrieren verhindert.

Rund um den Kompost

Jeder Garten hat seine „Schmuddelecken". Das darf sein. Es sollte sogar sein. Nicht alles,

Vor allem an heißen Tagen stehen Wasserstellen hoch im Kurs.

Steine aus der Region

Verwende für Trockenmauern Steine aus der näheren Umgebung – sie passen besser als exotische Importware und wurden auch garantiert ohne Kinderarbeit gewonnen. „Trockenmauern" heißen übrigens so, weil die Steine trocken, ohne Mörtel, aufgesetzt werden. Eine sorgfältige Auswahl möglichst gut zusammenpassender Steine und eine leichte Neigung gegen den Hang sorgen für Stabilität.

Schon kleine Teiche bereichern einen Garten ungemein. Sie ziehen nicht nur Vögel magisch an.

Trockenmauern bieten viele Verstecke für Kleintiere – von der Mauerbiene bis zur Eidechse.

was abgestorben ist, muss gleich in die Tonne. Abgeblühte Stauden werden für Vögel erst richtig interessant, wenn sie Samen bilden. Wo Gartenabfälle kompostieren, morsches Holz zerfällt, Laubhaufen vermodern und vielleicht auch in Gärtnerkreisen verfemte Unkräuter wie die Brennnessel wachsen dürfen, blüht das Leben. Im Teamwork von zahlreichen Organismen verschwindet selbst ein toter alter Baumstamm im Laufe weniger Jahre. Zahllose Kleintiere vom Regenwurm bis zur Kellerassel beteiligen sich daran. Sie wiederum ziehen Vögel an: Amseln durchwühlen den Kompost, Rotkehlchen picken und brüten zwischen alten Stubben, Zaunkönige huschen durch das Unterholz mit seiner dichten Krautschicht. Der Komposthaufen ist also weit mehr als nur ein „Recyclinghof" für den Garten.

Trockene Mauern

Trockenmauern gliedern Gärten. Mit Felspflanzen wie Hauswurz oder Mauerpfeffer bewachsen oder von wärmeliebenden Ruderalpflanzen wie Natternkopf begleitet, können sie zu echten Schmuckstücken werden. Ideal sind sie in leicht geneigtem Terrain, wo sie Geländestufen stützen helfen. Aber auch im flachen Land lassen sich Trockenmauern sinnvoll einsetzen, etwa beim Aufbau einer Kräuterspirale. Die Verstecke zwischen den Steinen und eine entsprechende Bepflanzung garantieren ein reiches Insektenleben. Am Boden Nahrung suchende Vögel werden deshalb an Trockenmauern leicht fündig.

Do!

- Biete ganzjährlich sichere Wasser- und Badestellen und fülle diese verlässlich auf.

Vogeluhr

tierisch gutes Konzept

So funktioniert's

Wer das morgendliche Vogelkonzert im Frühjahr vollständig genießen will, muss früh aufstehen. Bereits anderhalb Stunden vor Sonnenaufgang beginnen Haus- und Gartenrotschwanz zu singen. Nach und nach mischen sich von Amsel bis Zilpzalp weitere Stimmen in den Chor der Gartenvögel, bis schließlich kurz vor Sonnenaufgang mit Star, Grünfink und Buchfink auch die Spätaufsteher einsetzen. Den Einsatz gibt nicht die Uhrzeit, sondern die Helligkeit. Bei trübem Wetter startet das Vogelkonzert deshalb etwas später. Stimulierend sind dagegegen singende Artgenossen. Sobald sich die erste Amsel hören lässt, ruft das sofort die benachbarten Amselmännchen auf den Plan. Der Gesang dient schließlich nicht nur der Paarfindungung und -bindung, sondern ist auch ein deutliches Zeichen an alle Besitzer angrenzender Reviere, die Grenzen zu respektieren.

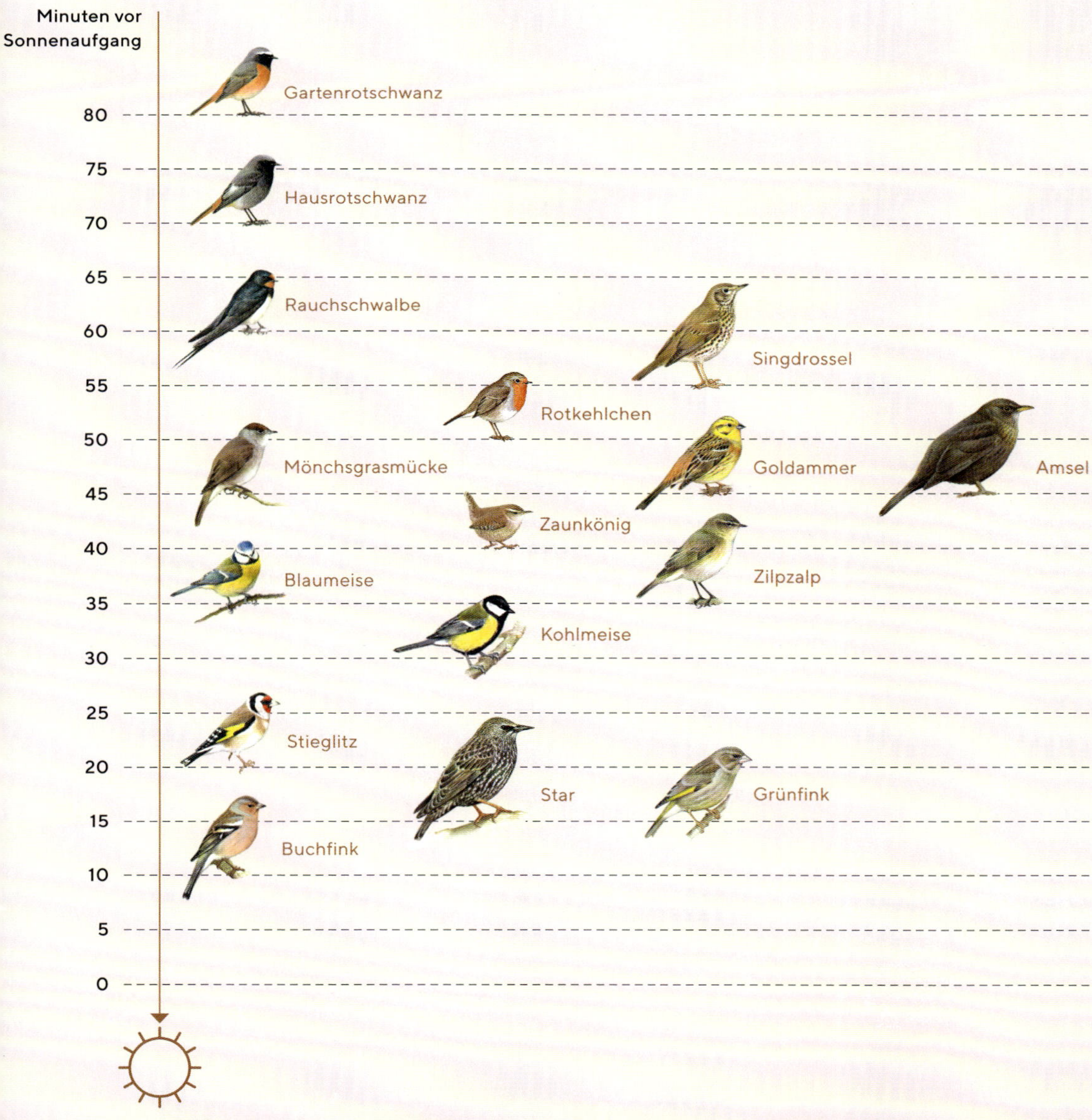

Praxis

Bauen & pflegen

Nistkästen? Ja, bitte!

Zahlreiche Gartenvögel sind Höhlenbrüter. Natürliche Bruthöhlen sind in den meisten Gärten aber knapp. Es fehlt an alten Bäumen mit von Spechten gemeißelten oder im Lauf der Zeit ausgefaulten Höhlen. Hier kannst du leicht mit Nistkästen helfen, die ja nichts anderes sind als künstliche Baumhöhlen. Nistkästen werden schon seit Jahrhunderten benutzt, um Vögel anzusiedeln. Anfangs aber nicht, um diese zu schützen: Die Nestlinge landeten im Kochtopf. Besonders geeignet für diese sehr spezielle Form der Hege waren die beiden Arten, die keine Reviere bilden, sondern in enger Nachbarschaft brüten: Nisturnen aus Ton für Stare und Spatzen sind seit etwa dem Jahr 1500 belegt, hölzerne Nistkästen seit dem 16. Jahrhundert. Erst vor gut 100 Jahren wandelten sich die Zeiten. Nirgends wird das deutlicher als in dem im Jahr 1899 erstmals erschienenen Bestseller „Der gesamte Vogelschutz", in dem der Vogelschutz-Pionier Hans Freiherr v. Berlepsch bereits die Ausräumung der Landschaft durch die moderne Landwirtschaft als Ursache des Artenrückgangs anprangerte. Seine Rezepte: Vogelschutzgehölze, Nisthilfen, Winterfütterung.

Kohlmeisen sind die häufigsten Nistkastenbewohner im Garten. Gleich wird die Raupe verfüttert.

Selber bauen!

Meisen, von Natur aus allesamt in Baumhöhlen brütend, ziehen ihre Brut immer mal wieder an unkonventionellen Orten auf: in Briefkästen, auf Laternenmasten, in Schwalbennestern oder Stiefelschäften. Trotzdem kommen für den Selbstbau von Nistkästen nur Holz oder Holzbeton infrage. Alternative Lösungen mit Plastikrohren oder ähnlichen Werkstoffen sind originell, versagen aber in der Praxis meist. Stimmt das Mikroklima in der Bruthöhle nicht, kommt es schnell zum totalen Brutausfall. Kästen aus Holz oder Holzbeton entsprechen in ihren Temperatur- und Feuchtigkeitswerten dagegen den natürlichen Baumhöhlen fast völlig. Darauf sind die Höhlenbrüter durch eine lange Evolution angepasst. Nistkastenbau macht übrigens auch mit Kindern Spaß. Selten ist der Zusammenhang zwischen tätigem Engagement und Erfolg im Naturschutz so offensichtlich wie hier!

Holz oder Holzbeton?

Stellt man nur gelegentlich einen Kasten her, wird man beim Holz bleiben und auf die Bauanleitung auf Seite 29 zurückgreifen. Geht man in Serie, ist Holzbeton eine gute Alternati-

Moos und Flechten zeigen es: Der von Feldsperlingen bewohnte Holzbeton-Nistkasten hängt schon Jahre.

Die zierliche Blaumeise kannst du durch Nistkästen mit kleineren Fluglöchern gezielt fördern.

ve. Hier sind die Vorbereitungen zwar wesentlich aufwendiger, weil eine Gussform gebaut werden muss, die Kosten bei der Produktion größerer Stückzahlen aber geringer. Zudem halten Holzbetonkästen Jahrzehnte, während Holzkästen – je nach Wettereinfluss – oft schon nach einigen Jahren ausgetauscht werden müssen. Holzbeton besteht aus einem Gemisch von Zement und Sägespänen, das mit Wasser angerührt und zum schnelleren Abbinden mit Calciumchlorid versetzt wird. So entsteht eine pastöse Masse, die in vorgefertigte Formen gedrückt wird und dort abbindet. Die Form kann wiederverwendet werden. Wer Kästen aus Holzbeton selbst herstellen will, findet ausführliche Arbeitsanleitungen im Internet (siehe S. 90).

Mein Tipp

Wer zum Nistkastenbau keine Zeit, keine Lust oder zwei linke Hände hat, kann auf ein großes Angebot im Handel zurückgreifen. Hier werden vor allem Kästen aus Holzbeton angeboten. Achte beim Kauf auf Empfehlungen der Naturschutzverbände.

Nistkästen pflegen & kontrollieren

Mit dem Aufhängen ist es nicht getan. Der Nistkasten muss nach der Brutzeit im Spätsommer gesäubert werden. Trockenreinigung mit Kratzer und einer groben Bürste genügt meist. Das alte Nest wird entsorgt. Es wird sowieso nicht wieder genutzt und bietet überdies Brutraum für eine Menge ungebetener Gäste wie Flöhe, Milben, Lausfliegen und Wanzen, die nur darauf warten, dass wieder Vögel in die Höhle ziehen.

Achtung Flöhe!

Bevor du dich einem Kasten näherst, um ihn zu reinigen, wirf einen Blick auf das Einflugloch: Kleine schwarze Punkte rund um die Öffnung sollten dich misstrauisch machen: Es könnte sich um ausgehungerte Vogelflöhe handeln, die notfalls auch mit Menschen vorlieb nehmen. Nicht gefährlich, aber lästig. Im Abstand von wenigen Zentimetern aufgereihte stark juckende Stiche sind die Folge – eine weitere Gesundheitsgefährdung besteht nicht.

Nistkasten im Winter

Auch im Winter stehen die Nistkästen nicht leer. Vögel verbringen dort die kalten Nächte. Die erstaunlich gut kletternde Waldmaus richtet es sich dort ebenfalls gern gemütlich ein und füllt den ganzen Kasten mit Blättern. Deshalb solltest du den Kasten auch im Frühjahr nochmals reinigen. Aber nicht zu spät: Meisen inspizieren mögliche Brutplätze schon im Spätwinter.

Gefährlich? Keineswegs! Hornissen im Nistkasten sind kein Grund zur Panik. Sie sind ziemlich harmlos.

Mein Tipp

Wo die Nachfrage nach Wohnraum steigt, vergrößere das Angebot und hänge noch weitere Kästen auf. Dann haben auch spät aus Afrika eintreffende Zugvögel noch die Chance, eine freie Wohnung zu finden.

Gäste willkommen!

Nicht nur Vögel sind an Höhlen interessiert. Waldmäuse und Siebenschläfer sind häufig zu Gast. Für Fledermäuse gibt es zwar Spezialkästen, nicht selten schlafen sie aber auch in einer Nisthöhle für Vögel. Auch eine Vielzahl von Insekten nutzt die Schlupfwinkel. In allen Fällen gilt: Gäste sind willkommen und werden nicht ausquartiert.

Hornissen – ein Problem?

Aber was, wenn in den Vogelkasten Hornissen einziehen? Unsere größte heimische Wespe hat keinen guten Ruf. Sieben Hornissenstiche töten einen Menschen? Dieses Ammenmärchen kannst du vergessen. Hornissen haben zwar mit bis 2,5 cm (Arbeiterinnen) oder gar 3,5 cm Größe (Königinnen) eine wirklich beeindruckende Größe, führen aber nur aber unwesentlich mehr Gift mit sich als ihre kleinere Wespenverwandtschaft, etwa 0,18 statt 0,14 Milligramm. Damit sind sie nur für Menschen gefährlich, die unter allergischen Reaktionen gegen das Gift leiden. Zudem sind Hornissen ausgesprochen friedlich. Wer einen Mindestabstand von 2 m zum Nest einhält und auf hektische Bewegungen verzichtet, ist meist auf der sicheren Seite. Anders als ihre kleineren Verwandten werden Hornissen nicht lästig: Zwetschgenkuchen und süße Getränke lassen die Riesenwespen kalt. Sie gehen lieber auf Insektenjagd. Nach den ersten starken Frösten stirbt das Hornissenvolk. Allein die Königin überwintert, aber sie tut das gewöhnlich nicht im Bau, der auch im nächsten Jahr nicht wieder bezogen wird. Im Spätherbst kannst du also sauber machen. Bauen Hornissen an einer kritischen Stelle, etwa neben dem Sandkasten, dürfen sie als besonders geschützte Tiere nicht einfach vertrieben werden. Wer dir beim Umsiedeln hilft, erfährst du unter www.hornissenschutz.de.

Nest raus! Singvogelnester sind Wegwerfartikel. Sie werden nur einmal benutzt. Im Herbst wird der Kasten deshalb komplett geleert.

Reinschauen erlaubt?

Auch während der Brutzeit ist ein Besuch nicht völlig tabu. Kaum ein Vogel nimmt es übel, wenn man einmal (!) einen ganz vorsichtigen Blick in seine Kinderstube wirft. Zuerst sollten wir aber prüfen, wer hier wohnt. Was Blau- oder Kohlmeisen nur kurz beunruhigt, kann ausgerechnet den „frechen" Spatzen zum Abbruch der Brut bewegen. Ihn lassen wir also in Frieden. Wer ständig auf dem Laufenden sein will, kann moderne Spionagetechnik nutzen: Im Handel werden Nistkästen mit Webcam angeboten.

Nistkasten-Modelle

Der Meisen-Kasten: ein Modell für viele Arten

Unbehandeltes sägeraues, 2 cm starkes Holz, ein paar starke Nägel, Stichsäge, Lochbohrer und ein paar Stunden Zeit – mehr brauchst du nicht, um mithilfe dieses Bauplans einen Nistkasten herzustellen, der fast alle Wünsche befriedigt. Viele unserer Höhlenbrüter haben eine Größe von etwa 14 cm. Sie alle sind mit diesem von der Vorderseite her leicht zu öffnenden Standardkasten gut bedient. Das Holz bleibt natürlich roh; Holzschutzmittel ist an dieser Stelle schädlich. Biologisch unbedenklich ist Leinöl, mit dem man den Kasten außen imprägnieren kann. Das Dach überziehst du am besten mit Dachpappe oder einem Stück Teichfolie, das steigert die Lebensdauer. Der Rest des Kastens wird nicht verkleidet, weil sonst das Mikroklima leidet.

Das Einflugloch

Das Einflugloch des Standardkastens hat einen Durchmesser von 32 mm. Es gibt aber gute Gründe, kleine Arten wie die Blaumeise

Der Halsbandschnäpper brütet als Rarität in Süddeutschland. Er schätzt den Standardkasten.

Do!

- Hänge die Kästen im Herbst katzensicher auf.
- Biete Spatzen „Reihenhaus- oder Hochhaus-Modelle“ zum Nisten, denn sie sind sehr gesellig.

Don't

- Verwende keine giftigen Holzschutzmittel.

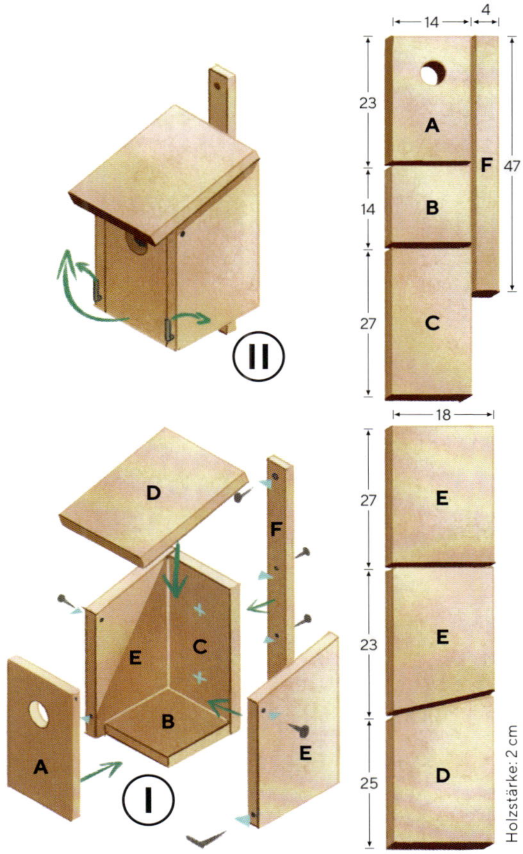

Mit diesem Standardkasten machst du die meisten Höhlenbrüter im Garten glücklich.

exklusiv mit einem kleineren Loch (26–28 mm) zu bedienen; in der Konkurrenz um Nistplätze unterliegen sie den größeren Arten sonst leicht. Der Kleiber mauert Eingänge, die ihm zu groß sind, einfach zu. Sind sie ihm dann auf den Leib geschnitten, braucht er größere Konkurrenten nicht mehr zu fürchten. Der seltene Halsbandschnäpper, ein Spätankömmling, nistet gelegentlich auch in Obstgärten. Um ihm einen guten Brutplatz zu reservieren, kann man zu einem einfachen Trick greifen: Man verschließt das Flugloch bis Mitte April.

Einzel- oder Reihenhaus?

Die meisten Vogelarten verteidigen ihr Brut- und Nahrungsrevier gegen Artgenossen. Deshalb ist im Garten in der Regel nur Platz für ein Brutpaar jeder Art. Anders bei Staren und Spatzen. Hier beschränkt sich der persönliche Bereich auf das eigene Nest. Spatzen- wie Starenkästen können deshalb eng zusammengehängt werden – oder gleich zusammengebaut. Dabei spielt es keine Rolle, ob die Wohnungen nebeneinander (Modell Reihenhaus) oder übereinander (Modell Hochhaus) liegen.

Aufhängung und Schutz

Hänge die Kästen bevorzugt im Herbst auf, der Wetterseite abgewandt, leicht beschattet (aber möglichst nicht auf Nordseiten) und mit freiem An- und Abflug. Das Flugloch sollte waagerecht oder leicht abwärts orientiert sein.

003 **Schritt für Schritt zum Nistkasten**
Die Fotoserie zeigt, wie ein Nistkasten gebaut wird.

Der Hausrotschwanz ist der häufigste Nutzer von Halbhöhlenkästen.

Die Höhe über Grund ist weniger entscheidend; Meisen nisten gelegentlich sogar unterirdisch in Mäuselöchern. Wichtiger ist, dass Katzen keinen Zugang haben. Sonst ist ein Verlust der Brut nur eine Frage der Zeit. Steinmarder sind noch wesentlich geschicktere Kletterer. Ein Drahtaufsatz vor dem Einflugloch kann schützen. Auch eine waagerechte, etwa 3 cm starke Leiste, innen unter dem Flugloch an die Nistkastenwand geleimt, erschwert Nesträubern den Zugriff. Im Wald meißeln Buntspechte die Kästen gelegentlich auf und holen sich die Brut. Hier können Blechverstärkungen um das Flugloch herum helfen. Findige Spechte dringen dann allerdings oft einfach von der Seite ein. Schließlich gehört es zu ihren ureigenen Fähigkeiten, Löcher in Holz zu klopfen. Selbst Kästen aus Holzbeton können dem Trommelwirbel der Spechte nicht widerstehen.

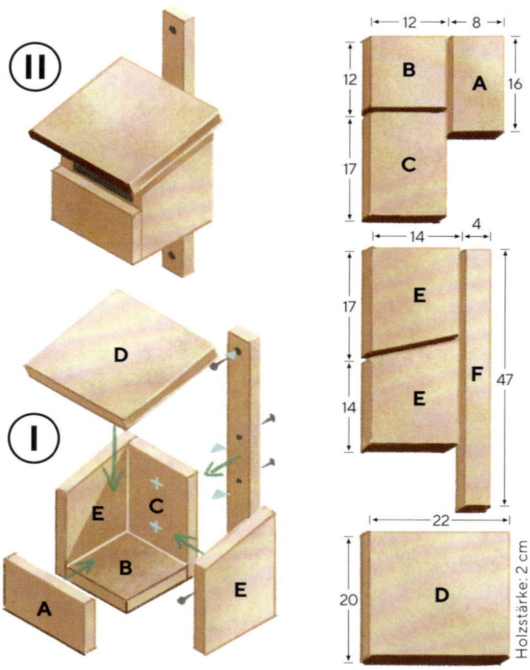

Diesen Kastentyp für Nischenbrüter befestigst du am besten direkt an einer geschützten Stelle an der Hauswand.

Halbhöhlenkasten

Für Wohnungen dieses Typs gibt es drei Hauptbewerber: Hausrotschwanz (siehe S. 71), Grauschnäpper (siehe S. 70) und Bachstelze (siehe S. 69). Alle drei brüten gerne an Gebäuden. Bieten Mauervorsprünge, Balkenköpfe oder Fassadenbegrünungen reichlich Nischen, kann man auf solche zusätzlichen Kästen verzichten – es sei denn, man will ein mardersicheres Angebot machen. Überall, wo an glatten Fassaden keine Brutmöglichkeiten bestehen, helfen Halbhöhlenkästen. Sie sollten vor Regen ebenso wie vor praller Mittagssonne gut geschützt sein; es empfiehlt sich ein Plätzchen unter der Dachtraufe, wenn diese nicht zu hoch liegt. Eine oder zwei kleine Bohrungen im Boden verhindern eine Überschwemmung im Nest, falls doch

Turmfalken lassen sich an höheren Häusern ansiedeln, selbst wenn das Jagdgebiet etwas entfernt liegt.

Nistkästen in Scheunen am Dorfrand sind für Schleiereulen attraktiv.

einmal Schlagregen einsetzt. Bodennah gehängte Halbhöhlenkästen werden gelegentlich auch von einigen weiteren Gartenvögeln genutzt, vor allem von Rotkehlchen und Zaunkönigen. Wie alle Nistkästen werden auch diese im Spätsommer gereinigt, damit sie im nächsten Frühjahr erneut bezogen werden können.

Für Turmfalke und Schleiereule

Beide sind versierte Mäusejäger – nur zu ganz unterschiedlichen Tageszeiten. Die Falken sind tagsüber unterwegs, die Eulen in der Dunkelheit. Turmfalken brüten selbst in Innenstädten und nehmen zur Nahrungssuche auch weite Anflugwege in Kauf. Außerdem mögen sie die Höhe. In der Brutplatzwahl sind sie nicht zimperlich. An Hochhäusern kann es schon mal vorkommen, dass ein Turmfalke auf dem Balkon im Blumenkasten brütet. Auch ein Nistkasten sollte also möglichst hoch unter dem Giebel hängen. Er kann, wie ein gigantischer Halbhöhlenkasten mit einer Grundplatte von etwa 30 x 50 cm, außen angebracht werden. Das ist allerdings nicht besonders schön. Deshalb wird er gerne ins Innere verlagert. Er gleicht dann der Schleiereulenwohnung aus der KOSMOS Plus App, nur wird auf das innere Brett zur Abdunklung verzichtet. Für die Falken muss sie auch nicht ganz so geräumig sein. Da weder Falken noch Eulen Nester bauen, wird eine Schicht Holzmulm oder grobes Sägemehl eingestreut. Eine Eulenwohnung anzubieten, lohnt nur in ländlichen Gegenden oder am Stadtrand. Eulen jagen nämlich gerne direkt vor der Haustür.

004

Schritt für Schritt zum Eulenkasten
Die Abbildungsserie zeigt, wie eine Wohnung für die Schleiereule gebaut wird.

Nisthilfen für Schwalben & Mauersegler

Auch wenn sie nicht näher miteinander verwandt sind, verbindet Schwalben und Mauersegler vieles: Sie führen ein luftiges Leben, jagen ausschließlich fliegende Insekten und brüten an Häusern. Hier unterscheiden sie sich aber stark in ihren Ansprüchen. Rauchschwalben (siehe S. 66) brüten in offenen Näpfen aus Lehm im Inneren von Gebäuden, am liebsten in Ställen. Denn wo Vieh ist, sind auch Fliegen. Rauchschwalben sind deshalb eng an die Landwirtschaft gebunden. Das Brüten im Stall erweist sich vor allem an Schlechtwettertagen als vorteilhaft: Die Schwalben können „indoor" jagen. Wichtig ist natürlich der freie Zugang. Den geschickten Fliegern genügt aber schon ein kleines Fenster, um ins Innere zu gelangen. An der Stallwand befestigte Brettchen können als Unterlage für ihre Nester dienen. Das ist aber nur selten nötig, denn auch moderne Ställe bieten meist genügend Vorsprünge, auf denen die Schwalben bauen können.

Mehlschwalben nehmen gern Nistschalen an, die unter der Dachtrauf hängen.

Mein Tipp

Hänge für Mauersegler keinen Einzelkasten auf, sondern kombiniere mehrere zum Reihenhaus. Dann hast du gute Chancen, die Hochleistungsflieger bei dir anzusiedeln und ihre faszinierenden Flugkünste aus nächster Nähe zu bewundern.

Hilfe für „Stadt"schwalben ...

Die beiden anderen – Mehlschwalbe und Mauersegler – sind eher Stadtvögel. Während Rauchschwalben offene Näpfe bauen, sind die Nester der Mehlschwalben bis auf einen kleinen Einschlupf geschlossen. Der Materialbedarf ist deshalb recht hoch – und hier haben Mehlschwalben ein Problem. Denn den feuchten Schlamm, den sie zum Nestbau benötigen, finden sie heute in den Städten kaum mehr. Kunstnester, die nebeneinander unter der Dachtraufe befestigt sind, werden deshalb gern angenommen. Darunter verhindern Brettchen, dass Gehwege und Passanten durch Kot beschmutzt werden. Mehlschwalben nisten gerne in kleinen Kolonien, die über viele Jahre bestehen können. Hänge deshalb möglichst immer eine ganze Reihe von Nestern auf, dann können die Schwalben auch gelegentliche Hausbesetzungen durch Spatzen leichter verschmerzen.

... und Mauersegler

Mauersegler (siehe S. 63) schätzen hohe Gebäude, wo sie frei zugängliche Hohlräume unter der Dachtraufe anfliegen – Nistplätze,

Ein Blick in die Nisthöhle der Mauersegler zeigt: Die Könige der Lüfte sind am Boden ziemlich unbeholfen.

die bei der Sanierung alter Gebäude oft verloren gehen. Durch Nistkästen können solche Verluste wenigstens teilweise ausgeglichen werden. Ein einstöckiges Häuschen im Grünen ist allerdings wenig gefragt. Die Luftakrobaten wohnen gerne etwas höher. Wichtig ist vor allem freier An- und Abflug. Auch sollte es im Nistkasten nicht zu heiß werden; eine reine Südseite ist deshalb weniger geeignet. Mauersegler sind ziemlich konservativ. Nistkästen werden eher angenommen, wenn sie nicht allzu weit entfernt von bereits besetzten Brutplätzen liegen. Hilfreich ist auch, wenn sie schon ein bisschen benutzt aussehen; ein paar aus dem Eingang hängende Halme können schon wirken. Zusätzlich lassen sich die Segler durch arteigene Geräusche animieren, die über einen kleinen Lautsprecher eingespielt werden können. Mögliche Brutplätze für das nächste Jahr inspizieren die Vögel den ganzen Sommer durch. Dann fliegen die Mauersegler laut schreiend immer wieder an, klammern sich kurz an die Wand und suchen nach Spalten im Mauerwerk oder Zugängen hinter Verschalungen. An solchen Stellen lohnt es sich auf jeden Fall, bis zum nächsten Frühjahr gleich mehrere Kästen für Mauersegler anzubringen. Mauersegler schätzen die Gesellschaft von Artgenossen sehr.

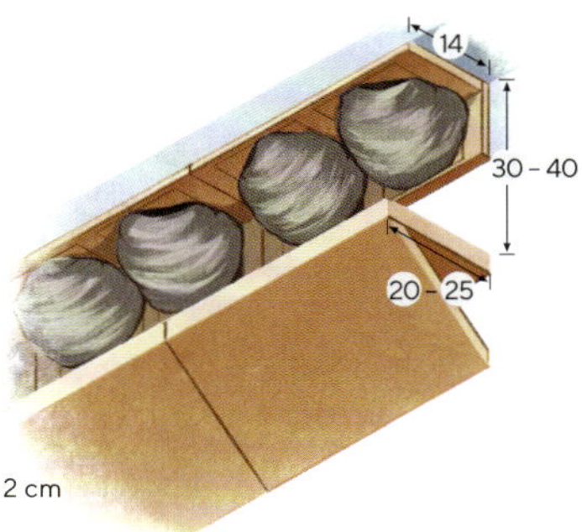

Ein Schwalbennest ist kein Schwalbennest! Schwalben sollte eine ganze Reihe angeboten werden.

005 **Schritt für Schritt**
Die Abbildungsserie zeigt, wie du Nistkästen für Mauersegler baust

Nistfreundlicher Garten für Freibrüter

Neben dem günstigen Mikroklima und der oft guten Nahrungsgrundlage ist der geringere Feinddruck für viele Vogelarten vermutlich einer der wichtigsten Gründe, überhaupt in die Stadt zu ziehen. Trotzdem ist auch das Leben im Garten nicht ohne Risiko. Einige Fressfeinde sind den Kleinvögeln gefolgt: Krähe und Elster, Steinmarder und Fuchs stoßen bis in die Innenstädte vor. Mit der Hauskatze kommt ein weiterer Vogeljäger dazu (siehe S. 46). Und schließlich sind auch die Gefahren nicht zu vernachlässigen, die vom Menschen selbst und seiner Technik ausgehen.

Eine Tasche zum Nisten ist eine Alternative, wenn dichtes Unterholz fehlt, aber nur dort zu empfehlen, wo keine Katzen unterwegs sind.

Versteckte Plätze gewünscht

Wer sein Nest ganz offen baut, hat kaum eine Chance. Diese bittere Lehre müssen vor allem Amseln ziehen, die ihre Brutplätze zum Teil „sträflich leichtsinnig" wählen. Das mag noch gehen, solange das brütende Amselweibchen stundenlang reglos im Nestnapf sitzt. Wenn die Jungen dann aber ein paar Tage alt sind, ist oft Schluss: Zu offensichtlich sitzt die lärmende Brut auf dem Serviertablett. Dass jetzt Fressfeinde wie die Elstern zuschlagen und trauernde Eltern zurücklassen, hat zur Verfemung der Elster geführt. Ganz zu Unrecht, denn die Kleinvogelbestände nehmen durch Elstern keineswegs ab (siehe S. 46). Sie sorgen nur dafür, dass beim Nestbau mehr auf Deckung geachtet wird. Je besser ein Nest versteckt ist, desto besser sind die Überlebenschancen. Die richtige Bepflanzung im Garten spielt deshalb eine entscheidende Rolle bei der Hilfe für Freibrüter. Insbesondere den Büschen kommt eine Schlüsselrolle zu. Stacheln, Dornen und gute Deckung durch dichtes Laub oder Nadeln schützen die Brut.

Maßnahmen für frei brütende Vögel

- **Rückschnitte** Gelegentliche gezielte Rückschnitte sorgen für neue, quirlförmig angeordnete Triebe. Darin lassen sich Nester fest verankern. Nebenbei sorgt die stärkere Verzweigung auch für bessere Deckung. Weißdorn, Hainbuche, Weiden oder Hecken-

Brütende Mönchsgrasmücke

kirschen nehmen den Schnitt im Herbst oder vor dem Austrieb im zeitigen Frühjahr nicht übel.

– **Dornen schützen** Weißdorn zum Beispiel (siehe S. 81) ist nicht nur als Nektarspender und Lieferant von Früchten überaus wertvoll, sondern auch als Brutraum.

– **Nadelgehölze** Für Gartenvögel, die schon vor dem Laubaustrieb mit der Brut starten, sind Nadelgehölze ideal. Zwar gilt im Naturgarten eigentlich die Devise, nur heimische Gewächse zu pflanzen. An dieser Stelle darf man aber ein Auge zudrücken: Thuja (Lebensbaum) hat sich als Brutbaum für Grünfinken durchaus bewährt – wenn er wachsen darf und nicht zur Hecke verstümmelt wird. Heckenbraunellen ziehen junge Fichtenbäume vor. Nadeln kombiniert mit Stacheligkeit finden wir beim Wacholder; dort baut der Hänfling gerne sein Nest.

– **Nisttaschen** Mit Nisttaschen kannst du Brutnischen schaffen, die zum Beispiel von Grünfinken gerne angenommen werden. Dazu nimmt man dicht benadelte Douglasien- oder Tannenzweige von etwa einem Meter Länge und bindet sie so fest, dass ein geräumiger Hohlraum mit guter Deckung entsteht. Fichtenzweige sind nicht geeignet; sie verlieren ihre Nadeln zu schnell. Alternativ kannst du auch mit Maschendraht (40–50 mm Maschenweite) arbeiten, der zur geräumigen Tasche gebogen und mit Kiefernzweigen gepolstert und getarnt wird.

– **„Schmuddelecken"** Die bereits auf Seite 18 angesprochenen „Schmuddelecken" geben auch Bodenbrütern wie dem Rotkehlchen eine Chance. Dichtes Unterholz sorgt für Sichtschutz. Im Schatten eines vor sich hin rottenden, lockeren Reisig- und Asthaufens baut der Zaunkönig sein Kugelnest. Beide lassen sich ebenso wie die Amsel auch im „grünen Mantel" eines Hauses ansiedeln, besonders, wenn er von Efeu gebildet wird (siehe S. 13).

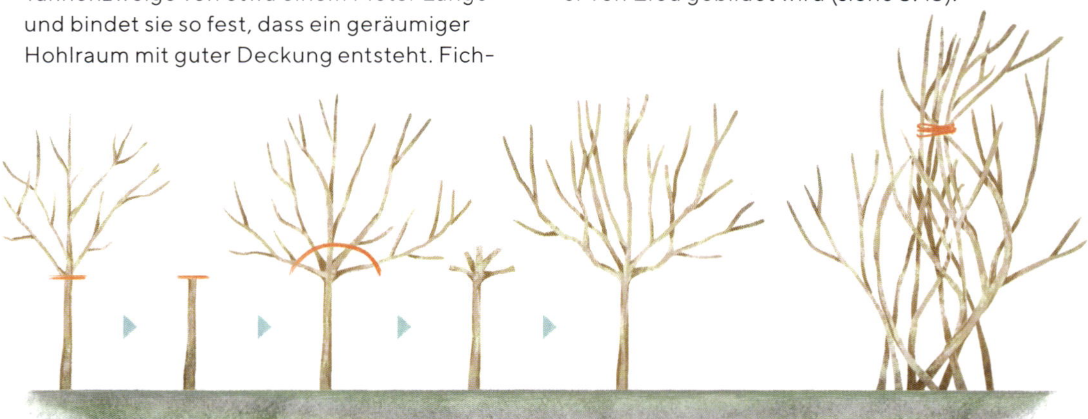

Gezielter Schnitt: Nester finden in Astquirlen stabilen Halt, die sich durch Beschneiden erzeugen lassen. Binden hilft auch.

Vögel zeitgemäß füttern

Ist Vogelfütterung notwendig oder unnötig? Schadet sie gar, weil sie der natürlichen Auslese ins Handwerk pfuscht? Liegt ihr Wert allenfalls im Pädagogischen und dürfen wir uns dem großen Vergnügen, Vögel am Futterhaus zu beobachten, nur mit schlechtem Gewissen hingeben?

Perspektivenwechsel

Drei Zitate aus hundert Jahren Vogelschutz spiegeln die ganze Bandbreite der teils erbittert geführten Diskussion um Sinn und Unsinn der Vogelfütterung wider:
„Zum sicheren Erfolge des Vogelschutzes ... bedürfen wir außer der Schaffung von Nistgelegenheiten ... auch einer Winterfütterung. Eine solche ist ... zwar nur selten erforderlich, wird aber unbedingt dann nötig, wenn durch starken Schneefall, besonders aber durch Rauhreif und Glatteis der Boden plötzlich verdeckt und alle Ritzen und Fugen der Baumrinde ... versperrt werden. ... Andererseits empfiehlt es sich nicht, die Vögel ... schon bei mildem Winter satt zu füttern, weil dieselben dadurch abgehalten werden, der ihnen von der Natur gestellten Aufgabe – Säuberung der Bäume von Insekten – gerecht zu werden." (v. Berlepsch, Der gesamte Vogelschutz, 9. Auflage, 1904)
„Dass die meisten Vogelarten ... in der Lage sind, sich ohne menschliche Hilfe zu ernähren, wenn wir von extremen Wetterverhältnissen ... absehen, dürfte heute allgemein bekannt sein. Das bedeutet, dass die Winterfütterung unserer heimischen Vögel im Normalfall biologisch weder notwendig noch sinnvoll ist." (Pfeifer, Taschenbuch für Vogelschutz, 4. Auflage, 1973)
„Angemessene Zufütterung – im Winter oder besser noch ganzjährig – leistet heutzutage einen wesentlichen Beitrag zum Vogelschutz, insbesondere zum Erhalt und z. T. sogar Wiederaufbau der Artenvielfalt unserer Vogelwelt. ... Daher ist die Zufütterung frei lebender Vögel eine ... moralische Verpflichtung." (Berthold & Mohr, Vögel füttern – aber richtig, 2006)

Das Futter muss trocken und sicher vor Verschmutzung sein. Sonst drohen Infektionskrankheiten.

Schwanzmeisen am Futterplatz sind echte Hingucker und ständig in Bewegung.

Vogel füttern heute

Was ist nun richtig? Tatsache ist, dass sich die Lebensbedingungen für die heimischen Vögel in den letzten 100 Jahren fundamental geändert haben – und zwar zum schlechteren. Viele Samenfresser haben inzwischen große Probleme, sich in einer weitgehend ausgeräumten Landschaft hinreichend zu versorgen. Deshalb gibt es gute Gründe, Futter sogar das ganze Jahr über anzubieten. Darüber hinaus gibt es ein weiteres gewichtiges Argument für die Vogelfütterung: Nirgends lassen sich Vögel so einfach und hautnah beobachten wie am Futterhaus – ich kenne niemanden, der sich von dem bunten Treiben nicht begeistern lässt! Neben „Allerweltsarten" wie Kohlmeisen oder Grünfinken kommen an gut positionierte und sortierte Futterstellen auch Arten, die man gewöhnlich nur selten zu Gesicht bekommt: Dazu gehören der imposante Kernbeißer, der sonst hoch oben in den Baumkronen unterwegs ist, die zierlichen Schwanzmeisen, immer in Bewegung, oder Haubenmeisen, die sonst strikt an Nadelwald gebunden sind. Und viele, viele andere ... Futterhäuser bieten nicht nur wunderbare Möglichkeiten, Vögel kennenzulernen, sondern auch ihr Verhalten zu studieren. Wer kommt alleine, wer im Trupp? Wer „gewinnt", wenn es zum Streit kommt? Wer frisst was? Welche Strategien gibt es, einen Sonnenblumenkern zu öffnen? Eigentlich ist es unmöglich, eine Futterstelle zu beobachten und nicht fasziniert zu sein. Das Futterhaus im Garten – für viele Kinder und Jugendliche Ausgangspunkt für ein späteres umfassendes Engagement für Vögel im Speziellen und Naturschutz im Allgemeinen, für alle ein lebendiger Platz zum Natur erleben.

Samen-Fett-Gemische sind für viele Vögel optimal. Wie du eine Futterglocke herstellst, erfährst du auf Seite 44.

Vogelfutter – wer frisst was?

Qualität und Vielfalt des Futters und einwandfreie Hygiene am Futterplatz sind von entscheidender Bedeutung. Ernährung entscheidet über Gesundheit - das ist bei Vögeln nicht anders als bei uns Menschen. Dass das Billigste nicht immer das Beste ist, gilt hier wie überall. Greife also nicht unbedingt zum Sonderangebot, sondern wähle Qualitätsfutter, auch wenn es etwas teurer ist. Die Gesundheit unserer Vögel sollte uns das wert sein! Nicht alle Vogelarten mögen das gleiche. Schon die Verschiedenheit ihrer Schnäbel zeigt: Hier gibt es ausgeprägte Vorlieben. Ein feiner Insektenfresser-Schnabel wie der des Rotkehlchens erschließt andere Nahrung als der klobige Körnerfresser-Schnabel des Kernbeißers. Deshalb ist es mit einem Standardfutter aus Sonnenblumenkernen nicht getan.

Buchfinken suchen ihre Nahrung bevorzugt am Boden. Trotzdem sollte Futter nicht einfach in den Schnee gestreut werden.

Ein gutes Angebot muss verschiedene Komponenten enthalten. Küchenabfälle und Brotkrümel gehören aber auf keinen Fall dazu.

Zutaten für Vogelfutter

- Sonnenblumen: Energiereiches und von vielen Vogelarten (Finken, Meisen, Sperlinge) sehr geschätztes Futter. Eiweißgehalt 20 bis 40 Prozent, Ölgehalt 40 bis 65 Prozent. Schwarze Früchte sind weniger hart und enthalten mehr Öl als gestreifte. Auch bereits geschälte Kerne sind im Handel. Es macht aber mehr Spaß, den Vögeln beim Öffnen zuzusehen.

- Hanf: Finken, Meisen und Kleiber mögen die kleinen Früchte, die einen Fettgehalt von 30 bis 35 Prozent haben. Sollten im Frühjahr zu viele davon keimen, reiße sie rechtzeitig aus, bevor du des illegalen Anbaus von Cannabis verdächtigt wirst.

- Hirse: Unter dieser Bezeichnung verbergen sich mehrere Getreidearten der Tropen und Subtropen. Sie enthalten überwiegend Kohlenhydrate (60 bis 75 Prozent) und Proteine (bis zu 18 Prozent), aber wenig Fett. Hirsekolben können auch einzeln aufgehängt werden.

- Nigersaat, Gingellikraut, Ramtill: Die sehr feinen Früchte des aus Afrika stammenden Korbblütlers haben einen Fettgehalt von 40 Prozent. Sie werden gerne von Stieglitzen und Zeisigen gefressen.

Im Überblick

Sonnenblumenkerne

Hanf

Haferflocken

Erdnüsse

Nigersaat

Rindertalg

Hirse

Apfelstücke

– **Erdnüsse:** Wer mit wenig Aufwand schnell satt werden will, holt sich eine Erdnuss. 25 bis 35 Prozent Proteine, 40 bis 50 Prozent Fett und bis zu 20 Prozent Kohlenhydratgehalt stehen darüber hinaus für einen gesunden Mix an Nährstoffen.

– **Haferflocken:** Mit Speiseöl getränkte Haferflocken sind ein beliebtes Weichfutter für Arten wie Heckenbraunelle oder Rotkehlchen.

– **Apfelstücke:** Vor allem Drosseln picken gerne an am Boden liegenden Apfelschnitzen. Ganze Äpfel sind weniger geeignet.

– **Fett:** Fett spielt als allen Vögeln zugänglicher Energielieferant eine wichtige Rolle. Rindertalg ist optimal, Schweineschmalz zu weich. Fett kann als nahrhaftes „Bindemittel" für Samenmischungen in Futterglocken gegossen (siehe S. 44), in trockene Fichten- oder Kiefernzapfen gestrichen und auf Zweige oder Borke aufgetragen werden.

Do!

- **Verwende qualitativ hochwertiges Futter.**
- **Berücksichtige bei der Futterwahl die Vogelarten in deinem Garten.**
- **Achte auf Hygiene am Futterplatz.**

Vogelfutter

selbst ernten

Sonnenblumenkeimling

Samenernte

Haselnussernte

Apfelschmaus

Sonnenblumen pflanzen

Vogelfutter lässt sich auch selbst gewinnen. Das ist natürlich etwas mühsamer als einfach kaufen, aber es macht Spaß, vor allem, wenn man es zusammen mit Kindern gestaltet. Besonders dankbar ist der Anbau von Sonnenblumen: Das Staunen darüber, dass aus einer so kleinen Frucht innerhalb weniger Wochen eine stattliche Pflanze wächst, die am Schluss sogar die Eltern überragt! Sonnenblumen zieht man am besten vor, sonst füttert man damit eher Schnecken als Vögel. Die eng gesteckten Früchtchen keimen und wachsen schnell. Werden die jungen Pflanzen dann in den Garten gesetzt, haben sie schon einen ordentlichen Vorsprung. Die Blüten werden gerne von Bienen und Hummeln besucht und bestäubt. Bilden sich später Früchte, musst du dich entscheiden: Unternimmst du nichts, kannst du den Vögeln beim Ernten zusehen. Willst du selbst ernten, packst du die großen Blütenstände in ein Netz und lässt die Kerne vollends reifen. Du kannst die Blütenköpfe später abschneiden, trocken und luftig aufbewahren, so dass nichts schimmelt, und sie dann komplett an die Futterstelle hängen.

Nüsse sammeln

Reifen an Waldrändern und Hecken die Haselnüsse, kann man am Boden darunter oft eine reiche Ernte einfahren. Um beim Knacken später nicht zu viel taube Nüsse dabeizuhaben, am besten schon im Gelände sortieren. Nüsse mit einem millimetergroßen kreisrunden Loch lässt du liegen. Sie haben schon einen anderen Liebhaber gefunden, den Haselnussbohrer, einen Rüsselkäfer. Der Buntspecht schafft es, die stabilen Schalen aufzuhämmern. Für andere übernehmen wir das Knacken und bieten dann die Kerne an. In „Mastjahren“, wenn zahlreiche Bäume gleichzeitig fruchten und Samen in großer Menge anfallen, liefern Buchen mit den Bucheckern gutes Vogelfutter. Eicheln zu sammeln lohnt dagegen nicht, außer dem Eichelhäher haben sie wenig Liebhaber.

Äpfel

Viele alte Sorten von Streuobstwiesen lassen sich gut lagern. Mit solchen Apfelschnitzen kannst du Drosseln bis ins Frühjahr glücklich machen.

Futterhaus und Futtersilo

Wer genügend Platz im Garten hat, hat viele Möglichkeiten. Dazu gehören ein Futtersilo für Körnerfresser, an Ästen oder Zweigen befestigte Erdnussspender, Meisenknödel oder selbst gemachte Futterglocken (siehe S. 44) und ein mit einem Dach versehener Futterplatz am Boden.

Was tun?

Der Handel bietet eine Vielzahl von Futterstationen an, die für verschiedene Füllungen und Besucher entwickelt wurden. Futtersilos werden von vielen Arten genutzt. Von ihnen dürfen es auch gerne zwei sein. Wird nämlich einer von einem Trupp Grünfinken in Beschlag genommen, haben andere Vögel im Getümmel kaum Chancen, in Ruhe an ihre Körner zu kommen. Meisen, Kleiber und Zeisige turnen geschickt an Futterglocken, mit denen die Haussperlinge wiederum so ihre Schwierigkeiten haben. Buchfinken, Amseln, Goldammern, Heckenbraunellen und Rotkehlchen bleiben lieber unten und schätzen Futterstellen am Boden.

Vier Regeln für's richtige Füttern

1. Auf Vielfalt setzen

Viele kleine und unterschiedlich bestückte Stationen sind besser als eine zentrale Futterstelle. Damit sind auch „schüchterne" Arten wie Buchfinken oder solche mit speziellen Nahrungsvorlieben wie Stieglitze gut bedient.

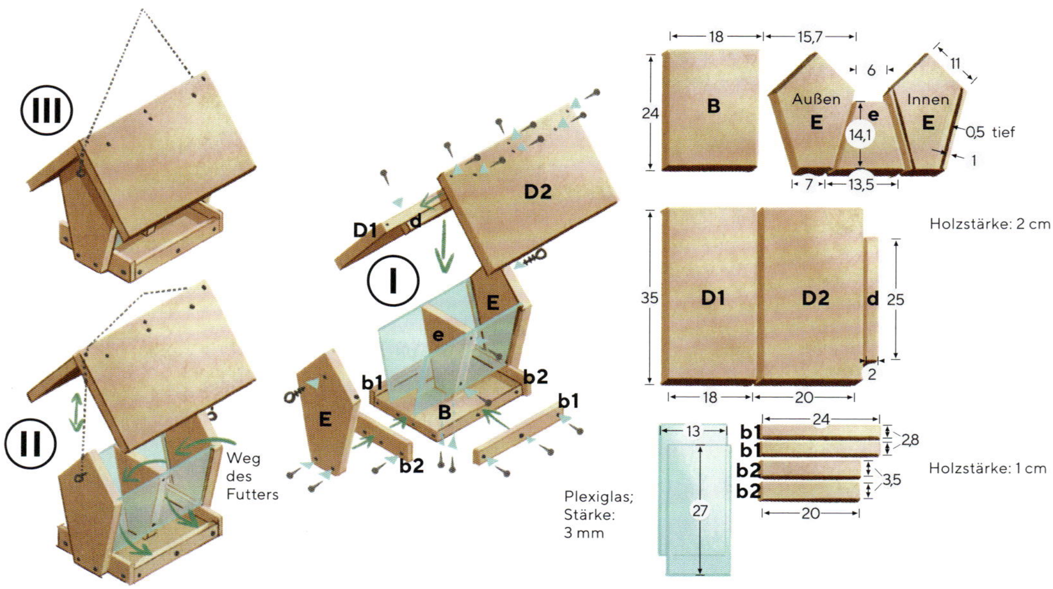

Futtersilo zum Selberbauen: Auch die zentrale Stelle zur „Speisung" hungriger Vögel sollte Futter nur bei Bedarf spenden.

Die selbst gemachte Fett-Samen-Mischung (S. 44) lässt sich auch gut in Ringe aus hohlen Ästen pressen.

Auch wenn genügend Futter da ist, geht es nicht immer so friedlich zu wie hier zwischen Kohlmeise und Buntspecht.

2. Sauber und trocken

In allen Fällen sollte das angebotene Futter sowohl vor Feuchtigkeit als auch vor Verschmutzung durch die Vögel selbst geschützt werden. Das klassische offene Vogelbrett ist deshalb schon lange durch verschiedene Futterspender oder -automaten abgelöst worden, bei denen aus dem Vorrat immer nur so viele Körner nachrutschen, wie gebraucht werden. Aber auch bei ihnen ist eine wöchentliche Grundreinigung mit heißem Wasser sinnvoll.

3. Füttern am Boden

Bodenfutterstellen werden mit einem kleinen Napf bestückt, der täglich gereinigt wird; gelegentlich kann auch der ganze Futterplatz an eine andere Stelle umgesetzt werden. Auch für Vogelarten, die sich lieber am Boden aufhalten, lassen sich Futtersilos konstruieren, die das Futter nur in dem Maß freigeben, wie es gebraucht wird.

4. Der richtige Standort

Neben der Hygiene ist die Standortwahl wichtig, schließlich geht es nicht darum, die vom Vogeltreiben magisch angezogenen Katzen zu füttern. Also: möglichst freies Blick- und Fluchtfeld in unmittelbarer Umgebung der Futterstation. Und dort, wo viele Hauskatzen unterwegs sind, auf die Bodenfutterstelle lieber ganz verzichten.

Mein Tipp

Beim Füttern nicht alles auf eine Karte setzen. Mit einem vielfältigen Angebot an Futtersilo, Futterglocke und Bodenfutterstelle in deinem Garten ist für jede Art etwas dabei und du minderst die Nahrungskonkurrenz unter den Vögeln.

für Kids

Futterglocke

selber machen

Schmelzen + mischen

Einfüllen

Zweig feststecken

Fertig!

Ein Vogel im Spatzenformat frisst am Tag nur etwa 8 g Sämereien. Klingt wenig. Aber wenn sich 100 Vögel im Lauf des Tages am Futterplatz versorgen, vervespern sie in einer Woche über 5 kg Futter! So viel gibt ein Garten aber nicht her, selbst wenn man viele Sonnenblumen gepflanzt hat. Bevor der Winter begonnen hat, sind diese meist schon leer gepickt. Deshalb füttern wir die Vögel. Eine ausgewogene Ernährung ist wichtig, nicht nur für Menschen, sondern auch für Vögel. Vogelfutter sollte also aus Fett, Kohlenhydraten und Proteinen bestehen. Gute Ernährung braucht gute Zutaten. Meisenknödel kann man zwar überall kaufen. Aber noch besser sind selbst gemachte Futterglocken. Da weißt du nämlich genau, was drin ist.

Kokusnuss köpfen

Köpfe eine Kokosnuss, leere sie und bohre in jede Schalenhälfte ein Loch (lass dir dabei von einem Erwachsenen helfen). Dann fädelst du eine dicke Schnur oder Kordel zum Aufhängen durch das Loch und befestigst sie innen mit einem dicken, haltbaren Knoten.

Fett + Körner

500 g Rindertalg oder Palmin (kein Schweinefett, das ist zu weich) im Topf schmelzen, aber auf keinen Fall kochen. Vorsicht, es riecht nicht ganz so lecker wie dein Mittagessen! Dann 500 g Körnermischung einmischen und etwas Sonnenblumenöl unterrühren, damit das Fett bei starkem Frost nicht ganz so hart wird.

Einfüllen

Nun die Masse mit einem Löffel fest in die Schale drücken.

Stock zum Festhalten

Zum Schluss einen etwa 25 cm langen Stock oder Zweig in die weiche Fettmasse stecken und abkühlen lassen.

Fettfutter-Variationen

Diese Fettmasse kannst du auch in saubere Blumentöpfe aus Ton füllen. Nimmst du mehr Fett als Körner, kannst du Meisenknödel formen oder massive Stücke gießen und diese direkt in die Bäume hängen. Spechte mögen es besonders gerne, wenn solche Barren vom Stamm aus erreichbar sind. Du kannst auch trockene Fichten- oder Kieferzapfen mit der Fettmischung bestreichen. Frisch gesammelte Zapfen trocknest du dazu vorher, damit sie sich öffnen.

Achtung! Hauskatzen

In natürlichen Ökosystemen sind Räuber-Beute-Systeme gut austariert. Dabei bestimmt gewöhnlich die Menge verfügbarer Beute die Zahl der Räuber. Gibt es viele Feldmäuse, können Schleiereulen sieben Junge aufziehen; fehlen Mäuse, fällt die Brut dagegen komplett aus. Dieser natürliche Mechanismus greift bei Katzen nicht mehr. Werden Kleinsäuger, Vögel und Eidechsen im Revier seltener, hat dies keinerlei dämpfende Wirkung auf den Katzenbestand. Die Katze geht einfach nach Hause und setzt sich an den Futternapf. Eigentlich hat sie das Jagen überhaupt nicht nötig. Aber der Jagdtrieb gehört nun mal zum „Raubtier Katze".

Vogel-Futterhäuschen? Das scheint die Katze falsch verstanden zu haben!

Was erbeuten Hauskatzen?

In einer Studie, an der nahezu 1.000 Katzen aus gut 600 über ganz Großbritannien verteilten Haushalten für ein halbes Jahr „teilnahmen", wurden 14.370 Beutetiere gezählt, ein Viertel davon Vögel. Den Katzen fielen 44 Vogelarten zum Opfer, angeführt von Haussperling (961), Blaumeise (344), Amsel (316), Star (228) und Rotkehlchen (142). Hochgerechnet auf ganz Großbritannien und neun Millionen Katzen macht das 54 Millionen Vögel im Jahr. In Deutschland mit seinen rund 16 Millionen Katzen dürften die Verluste entsprechend höher sein – erschreckende Zahlen, die nicht ohne Auswirkung auf die Vogelbestände bleiben.

An einem Strang ziehen

Vogelfreunde und Katzenhalter sollten sich nicht als „natürliche Feinde" betrachten, sondern an einem Strang ziehen. Beide können etwas dafür tun, dass weniger Vögel (und andere Wildtiere) satten Katzen zum Opfer fallen.

Elstern – ein Problem?

Der Sperber, früher als Singvogelfeind erbarmungslos verfolgt, ist inzwischen rehabilitiert. Als neue „Problemvögel" gelten jetzt die Mitglieder der Rabenfamilie, in erster Linie Krähen und Elstern.

Do!

- Wenn zwischen Mitte Mai und Mitte Juli viele unerfahrene Jungvögel unterwegs sind, hilft es, wenn die Katze wenigstens vormittags zu Hause bleibt.
- Katzen, die Glöckchen oder Piepser tragen, machen viel weniger Beute. Allerdings sind solche Mittel quälend für die Katzen mit ihrem empfindlichen Gehör.
- Eine Alternative sind bunte Halskrausen. die Vögel vor Katzen warnen. Besonders effektiv ist die Kombination von Halskrause und Glöckchen.
- Mit Bewegungsmeldern gekoppelte Ultraschallsender können Katzen zu Umwegen veranlassen und recht effektiv den beschallten Gärten fernhalten. Katzen reagieren empfindlich auf die für uns unhörbar hohen Töne. Allerdings ist nicht gut untersucht, ob auch andere Tiere wie Igel oder Siebenschläfer darunter leiden.
- Auch per Nase lassen sich Katzen abschrecken. Den Geruch des Harfenstrauchs („Verpiss-dich-Pflanze“) mögen sie nicht.
- In einem naturnah gestalteten Garten haben Vögel bessere Chancen zu flüchten und sich in Sträuchern oder Bäumen in Sicherheit zu bringen.
- Frei nistende Vögel sind in dichtem Gestrüpp von Weißdorn oder Wacholder gut geschützt.
- Achte bei Nistkästen, Badestellen und Futterhäuschen darauf, dass Katzen sich nicht leicht anschleichen können.
- Und schließlich: Sterilisierte Kater und Katzen sind weniger unternehmungslustig und damit ungefährlicher für unsere Gartenvögel.

Rabenvögel wie die Elster sind nicht schuld daran, dass viele Vogelarten seltener werden.

Rabenvögel sind intelligente Nahrungsopportunisten. Auf ihrem Speiseplan stehen zwar auch Eier und Jungvögel anderer Arten, allerdings unter „ferner liefen“ und nicht als Hauptbestandteil. Auch wenn es schmerzlich sein kann, zu beobachten, wie hilflose Vogeleltern der Plünderung ihres Nestes zusehen müssen: Die Wissenschaft spricht die Elster frei. Langzeituntersuchungen haben ergeben, dass die Singvogelbestände keineswegs sinken, wenn Elstern häufiger werden. Diese finden in erster Linie offen angelegte Erstbruten der Amsel, um deren Häufigkeit wir uns gewiss keine Sorgen machen müssen. Meist lernen die Amseln daraus: Gut versteckte Nester sind weniger gefährdet. Und jede Amsel hat mehrere Chancen im Jahr. Würde jedes Amselpaar jedes Jahr drei oder vier Bruten mit je fünf Jungen großziehen – wir hätten bald ein Amselproblem!

Fensterfallen & Findelkinder

Vogelfalle Fenster

Fenster sind gefährlich, weil Vögel sie oft erst wahrnehmen, wenn es zu spät ist. Prallen sie mit Schwung gegen die Scheiben, endet das meist mit einem gebrochenen Genick. Haben sie Glück, überleben sie, bleiben aber benommen sitzen. In diesem Fall den Patienten in einen offenen Karton setzen, bis er sich erholt hat und wegfliegt. Wie viele Vögel durch solche Unfälle jäh aus dem vollen Leben gerissen werden, kann nur geschätzt werden. Für die Schweiz geht man von einem Vogel pro Jahr und pro Haus aus - das wären etwa 1,3 Millionen Opfer. Gefährlich sind vor allem großflächig verglaste Neubauten. Unfallschwerpunkte sind Wintergärten, durch die man wieder ins Grüne sieht. Viele Gartenvögel stammen ursprünglich aus dem Wald und sind es gewohnt, sich im dichten Gestrüpp zu bewegen und durch kleinste Lücken zu fliegen.

Fensterscheiben gehören zu den großen Risiken des Stadtlebens.

Was tun?

Entschärfen lassen sich Glasflächen nur, indem man sie sichtbar macht. „Nicht putzen" ist eine einfache Lösung, die aber andere Nachteile hat. Die weit verbreiteten aufgeklebten Greifvogel-Silhouetten nutzen nicht viel. Die Vögel sehen in ihnen nur ein Hindernis, an dem sie knapp vorbeipeilen müssen. Großflächige Klebemuster wie wenigstens 5 mm breite Streifen im Abstand von höchstens 10 cm verhindern Vogelschlag weitgehend. An Fenstern, durch die Licht hereinkommen soll, man aber nicht unbedingt hinausschauen will, ist das die optimale Lösung. Im Wintergarten trüben solche Beklebungen allerdings den Genuss, fast wie im Freien zu sitzen. Aber auch dort kannst du etwas unternehmen: von Vornherein durch den Einbau von reflexionsarmem und dadurch weniger stark spiegelndem Glas, oder im Nachhinein durch helle Vorhänge oder Lamellen, die man schließen kann, wenn man den Raum nicht nutzt. Es geht auch weniger technisch: Glasscheiben bieten tolle Flächen zum Gestalten mit Fensterfarben!

Was tun mit Findelkindern?

Vogelnester sind keine sicheren Orte. Der Lärm, den die Jungvögel bei der Fütterung veranstalten, kann leicht Feinde aufmerksam machen. Ist das Nest erst mal entdeckt, gibt es oft keine Rettung mehr. Deshalb verlassen viele Jungvögel das Nest bereits vor dem Flüggewerden und verteilen sich im umgebenden Geäst, wo sie sich nur bemerkbar

Selbstständig? Die jungen Blaumeisen sind zwar aus dem Nistkasten ausgeflogen, müssen aber noch gefüttert werden.

machen, wenn die Eltern Futter bringen. Die meisten „verlassenen" Jungvögel sind solche kleinen Nestflüchter. Beobachtet man sie einige Zeit, wird man meist Zeuge einer Fütterung. Die Devise heißt hier also: unbedingt sitzen lassen.

Hilfloses Vogeljunge

Gelegentlich findet man allerdings auch noch weitgehend unbefiederte Vogelbabys. Hier sieht die Sache anders aus: Sie sind tatsächlich hilflos. Dass man sie nicht mehr ins Nest zurücksetzen dürfe, weil die Eltern von fremden Gerüchen abgeschreckt würden, ist ein Gerücht. Trotzdem ist das meist nicht sinnvoll. Oft werfen die Altvögel nämlich kranke Junge absichtlich über Bord; damit wird die Ansteckung der Geschwister verhindert. Verletzte oder verlassene Vögel zu pflegen und aufzuziehen, ist nicht einfach. Wende dich in diesem Fall an eine örtliche Tierschutzorganisation.

Vogelgrippe? Im Garten bisher kein Problem!

Kann man hilflos aufgefundene Vögel in die Hand nehmen, ohne sich zu gefährden? Vogelgrippe ist vor allem eine Gefahr für Vögel. Sie ist aber auch für Menschen nicht ganz harmlos. In einigen Fällen wurden Krankheitserreger in Geflügelfarmen von Vögeln auf Menschen übertragen. Aus Deutschland wurde bisher aber noch kein solcher Fall bekannt. Unter den Wildvögeln sind es vor allem Wasservögel, die gefährdet sind. Singvögel scheinen als Überträger keine Rolle zu spielen. Trotzdem solltest du beim Umgang mit Vögeln vorsichtig sein und sie nicht anfassen.

Porträts

Vögel und Pflanzen

Gartenvögel erkennen & beobachten

Jedes Frühjahr erweist sich bei der „Stunde der Gartenvögel" des Naturschutzbundes Deutschland (NABU), wie artenreich die Vogelwelt unserer Gärten ist. Spatzen, Amseln und Kohlmeisen gehören zwar immer zu den Spitzenreitern, sind aber weit weniger dominant als oft „gefühlt". Artenvielfalt ist demnach ein wesentliches Merkmal der Gartenwelt. Nicht weniger vielfältig geht es bei der „Stunde der Wintervögel" zu. Zwar haben uns dann zahlreiche Arten verlassen, vermehrt erscheinen aber Vögel der freien Landschaft oder Wälder im Garten: Kleiber und verschiedene Meisenarten, Zeisige, Kernbeißer und Buntspecht werden von Nahrungspflanzen oder Futterplätzen magisch angezogen. Hinzu kommen Wintergäste aus dem hohen Norden wie Rotdrosseln oder Bergfinken, in manchen Jahren auch Seidenschwänze. Das macht Vogelbeobachtung ganzjährig zu einem Vergnügen.

Zugvögel und Wintergäste

So klein ein Hausgarten ist: Seine „Beziehungen" sind interkontinental. Zwei Beispiele, die für viele andere stehen, sind Grauschnäpper

Bergfinken überwintern bei uns und besuchen auch gerne Futterstellen im Garten.

Mein Tipp

Ebenso wichtig wie das Auge ist das Ohr, wenn es um Vogelbestimmung geht. Oft sind es Gesang oder Rufe, die einen Vogel schon lange verraten, bevor wir ihn zu Gesicht bekommen. Sehr hilfreich sind Vogelstimmen auf CD, MP3-Player oder Smartphone.

Auch wenn man zur Bestimmung der meisten Gartenvögel kein Fernglas benötigt: Es macht Spaß!

Grauschnäpper sind Sommervögel im Garten. Sie ziehen im Herbst nach Afrika.

und Bergfink. Der Graue Fliegenschnäpper trifft erst Ende April/Anfang Mai bei uns ein. Er kommt aus dem südlichen Afrika, 10.000 Kilometer Flugstrecke liegen hinter ihm. Trotzdem ist er sehr ortstreu: Es kann durchaus sein, dass „dein" Grauschnäpper derselbe ist, der schon letztes Jahr hier gebrütet hat. Oder eines seiner Kinder, denn auch die zieht es zurück in die Nähe ihres Geburtsorts. Erfolgreicher Vogelschutz im Garten wirkt sich also unmittelbar aus! Der Bergfink ist dagegen ein typischer Wintergast. Auf ihn kann man sich weit weniger verlassen als auf den Grauschnäpper, nach dem man fast den Kalender stellen kann. Wie viele Bergfinken ihr Brutgebiet in den nordischen Wäldern verlassen, hängt nämlich stark davon ab, wie viel Nahrung sie dort finden. Gibt es reichlich Vogelbeeren, überwintern viele Finken dort. Ganz anders, wenn eine „Buchenvollmast" in Mitteleuropa ansteht – das gleichzeitige reichliche Fruchten ganzer Buchenwälder. Dann wimmelt es hier von Bergfinken, die auch am Futterhaus zur häufigsten Art werden können.

Mit Fernglas & offenem Ohr

Viele Gartenvögel zeigen wenig Scheu und lassen sich leicht aus geringer Entfernung beobachten. Die meisten kannst du mithilfe der Artporträts auf den nächsten Seiten sicher identifizieren.

Vogelarten im Garten

Auf den nächsten Seiten findest du eine Auswahl der häufigsten Gartenvögel. Welche Art im Garten brütet, das Nahrungsangebot im Buchwerk, im Staudenbeet und am Futterhaus nutzt oder die Tränke besucht, hängt sehr stark von der Größe, Lage und Pflege deines Gartens ab. Über die Jahre kann man erstaunlich viele Arten beobachten – ich habe es in meinem nicht allzu großen Garten auf über 100 gebracht! In diesem Fall helfen weiterführende Bücher bei der Bestimmung.

006

Wer singt denn da?
Hier kannst du die Gesänge der vorgestellten Arten hören.

Ringeltaube

Columba palumbus

Merkmale 40 cm groß; größte heimische Taube, weißer Fleck an den Halsseiten (fehlt bei Jungtieren), im Flug weißes Querband im Flügel; fünfsilbiger Balzruf „ru-guh gu-gu-guh“; ganzjährig.

Lebensweise Sie brütet zwei- bis dreimal im Jahr auf Bäumen, auch in Städten. Im unordentlich gebauten, nicht ausgepolsterten Reisignest (Durchmesser 30–40 cm) liegen stets zwei weiß glänzende Eier. Tauben ernähren sich fast rein pflanzlich: Eicheln, Bucheckern, Getreide- und Wildkrautsamen, Beeren, Blätter. Als „Verdauungshelfer“ werden kleine Steinchen aufgenommen. Gerne besuchen sie Vogeltränken, anders als Singvögel, die jeden Schluck durch die Kehle rinnen lassen, saugen Tauben Wasser, ohne abzusetzen.

Türkentaube

Streptopelia decaocto

Merkmale 32 cm; elegant langschwänzige Taube mit hellgrauem bis beigem Gefieder und schwarzem Nackenring; dreisilbiger Balzruf „gu guh gu“; ganzjährig.

Lebensweise Türkentauben leben fast ausschließlich in Siedlungen, wo sie fast ganzjährig brüten können – bis zu sechs Bruten im Jahr mit je zwei Eiern! Sie sitzen gerne auf Antennen. Frühbrüter bauen ihr Nest gerne in Nadelbäume, später werden Laubbäume bevorzugt. Auch an Gebäuden können die Tauben brüten. Die pflanzliche Nahrung ist vielfältig, Getreide spielt eine große Rolle. An Futterstellen werden auch gerne Sonnenblumenkerne gefressen.

Sperber

Accipiter nisus

Merkmale Kleiner Greifvogel mit langem Schwanz und kurzen runden Flügeln, Unterseite quergestreift, ausgefärbte Männchen blaugrau mit rostroter Unterseite; ganzjährig.

Lebensweise Außerhalb der Brutzeit gehen Sperber auch in Gärten auf Jagd. Sie schießen mit hastigen Flügelschlägen aus der Deckung und schlagen blitzschnell zu. Männchen (um 30 cm) bevorzugen Beute in Sperlings- und Finkengröße. Weibchen sind größer (bis 40 cm) und jagen lieber das Drosselformat. Winterfutterplätze sind damit für Sperber sehr attraktiv. Entdecken Kleinvögel einen der kleinen Greifvögel, warnen sie mit hohen, durchdringenden „zieh-“Rufen – auch für den menschlichen Beobachter ein guter Hinweis auf einen jagenden Sperber.

Turmfalke

Falco tinnunculus

Merkmale 35 cm, Spannweite 75 cm; lange schmale Flügel und langer Schwanz, rotbraun mit dichter Fleckung, Männchen mit grauer Kappe und grauem Schwanz mit schwarzer Endbinde; ruft laut „ki-ki-ki ...“; ganzjährig.

Lebensweise Turmfalken bauen keine Nester und greifen deshalb auf „Altbauten“ zurück, verlassene Krähennester zum Beispiel. Häufiger aber nutzen sie Gebäudenischen, gerne an Türmen, die guten Überblick bieten. Wo Nischen fehlen, lässt sich mit großen Nistkästen leicht Abhilfe schaffen. Am liebsten fressen Turmfalken Mäuse und andere kleine Bodentiere. Typische Jagdstrategie ist der Rüttelflug auf der Stelle, aus dem die kleinen Greifvögel direkt in den Sturzflug übergehen.

Waldkauz

Strix aluco

Merkmale 40 cm; große Eule mit rundem Kopf und dunklen Augen; lautes „huuuuh - hu hu hu huuuu“; ganzjährig.

Lebensweise Das Erfolgsrezept unserer häufigsten Eule liegt in ihrer Anpassungsfähigkeit. Das betrifft den Brutplatz und den Speisezettel. Dreiviertel ihres Bedarfs decken Kleinsäuger (vor allem Feld- und Waldmäuse), den Rest Vögel, Frösche und Insekten. Der Kauz ist nicht auf Wälder beschränkt. Auch auf Friedhöfen, in Parks und in Gärten mit altem Baumbestand ist er verbreitet. Tags ruht er durch seine „Rindenfärbung“ getarnt, in Bäumen oder Gemäuern. Waldkäuze brüten vor allem in großen Baumhöhlen. Wo solche fehlen, kann man mit groß dimensionierten Nistkästen (Einflugsloch 12 cm) helfen.

Zaunkönig

Troglodytes troglodytes

Merkmale 9–10 cm; winzig, braun, kurzhalsig mit schlankem, spitzem Schnabel, kurzer, oft steil aufgerichteter Schwanz; Reviergesang eine erstaunlich laute Folge von Trillern, auch im Winter zu hören, ruft bei Beunruhigung hart „tek tek"; ganzjährig.

Lebensweise Ob Wälder, Parks oder Gärten: Wo es dichtes, bodenfeuchtes Unterholz gibt, huschen Zaunkönige mäuseartig umher. Zum Nahrungserwerb sind sie überwiegend am Boden unterwegs. Insekten stellen die Hauptbeute, daneben werden Spinnen, Asseln und Schnecken gefressen. Auch die kunstvollen Kugelnester liegen meist im dichten Wurzelwerk in Bodennähe, oft im Wurzelteller umgestürzter Bäume.

Star

Sturnus vulgaris

Merkmale 21 cm; zur Brutzeit schillernd schwarz mit gelbem Schnabel, sonst weiß gefleckt („Perlstar") mit dunklem Schnabel, Jungvogel fast einfarbig hellbraun; ganzjährig.

Lebensweise Stare sind Kulturfolger und brüten häufig in Streuobstwiesen, Parks und Gärten. Nach der Brutzeit bilden sich große Trupps. Aber auch zur Brutzeit haben Stare eine soziale Ader und verteidigen kein Nahrungsrevier gegen Artgenossen. Die Bruthöhlen können eng benachbart sein – vor jeder sitzt ein singendes, mit den Flügeln schlagendes Männchen. Stare sind Stimmimitatoren, verraten sich aber durch das immer eingeflochtene starentypische, nasale „spreeen".

Amsel

Turdus merula

Merkmale 25 cm; Männchen schwarz mit orangegelbem Schnabel und Augenring, Weibchen und Jungvögel dunkelbraun; ganzjährig.

Lebensweise Der laute melodisch flötende Gesang der Frühaufsteher ertönt schon vor Sonnenaufgang von jedem Hausdach. Kaum vorstellbar, dass die Amsel – heute der Gartenvogel schlechthin – früher ein reiner Waldvogel war! Nur wenige Vögel sind so flexibel in der Nistplatzwahl: „klassisch“ in Bäumen und Gebüschen, in Hausbegrünungen, auf Holzstapeln, Balken und Balkonen. Viel Mühe, das umfangreiche, trotz mehrerer Jahresbruten jeweils nur einmal genutzte Nest zu verstecken, geben sich Amseln allerdings oft nicht.

Wacholderdrossel

Turdus pilaris

Merkmale 25 cm; kräftig, lebhaft gefärbt, mit grauem Kopf, braunem „Mantel“, grauem Bürzel, schwarzem Schwanz und stark gefleckter Unterseite; ganzjährig.

Lebensweise Bei der buntesten unserer Drosseln hapert es ein wenig am Gesang. Sie fallen eher durch ihre lauten Warnrufe „schak-schak-schak“ auf. In lockeren Kolonien nistend vertreiben sie Krähen oder Greifvögel mit lautem Schimpfen und gezielten Kot-Attacken. Im Frühjahr sind Wacholderdrosseln oft am Boden auf der Jagd nach Regenwürmern. Ab Sommer gewinnen Früchte Bedeutung. Im Winter suchen sie in Streuobstwiesen liegen gebliebenes Obst.

Singdrossel

Turdus philomelos

Merkmale 21 cm; Oberseite einfarbig braun, Unterseite hell mit dichten schwarzen Flecken; Februar bis November.

Lebensweise Eher zu hören als zu sehen: Der laut schallende Gesang der Singdrossel ist leicht zu erkennen. Er besteht aus kurzen melodischen Motiven, die jeweils mehrmals wiederholt werden. Die Singdrossel ist ein Waldvogel, der bevorzugt in Nadelbäumen nistet. Ähnlich wie die Amsel ist sie ein wenig spezialisierter Wurm-, Insekten- und Beerenfresser, hat aber eine gewisse Vorliebe für die Schneckenjagd. Bevorzugt werden mittelgroße Gehäuseschnecken erbeutet und auf dem harten Untergrund einer „Drosselschmiede" zertrümmert.

Rotdrossel

Turdus iliacus

Merkmale 21 cm; auffällige Kopfzeichnung, oben braun, unten mit verwaschenen Flecken und rostroten Flanken; Oktober bis April.

Lebensweise Die Wälder des Nordens sind die Heimat der Rotdrossel; in Mitteleuropa hat sie bisher nur gelegentlich gebrütet. Dagegen gehört die hübsche Drossel im Winterhalbjahr zu den häufigen Durchzüglern und Überwinterern, die einzeln oder in großen umherschweifenden Schwärmen beobachtet werden kann. Sie ist nach Drosselart zur Wurmjagd viel auf dem Boden unterwegs, frisst aber auch gerne Früchte von Sträuchern wie Weißdorn oder Eberesche. In Streuobstwiesen picken Rotdrosseln oft zusammen mit Wacholderdrosseln an Fallobst.

Grünspecht

Picus viridis

Merkmale 35 cm; Oberseite grün, roter Scheitel und schwarze Augenmaske, stark wellenförmiger Flug; laut lachendes „kjück-kjückkjück …"; ganzjährig.

Lebensweise Der Grünspecht ist häufig am Boden unterwegs. Er liebt nämlich Ameisen. Seine mehr als 10 cm lange klebrige und an der Spitze mit Widerhaken besetzte Zunge ist ein ideales Werkzeug, um diese zu erbeuten. Rasenflächen werden abgesucht, Moos angehoben und trichterförmige Löcher gebohrt, um unterirdische Ameisennester zu finden. Grünspechte besiedeln lichte Laubwälder, Streuobstwiesen, Parks und größere Gärten. Sie brüten in selbst gezimmerten Höhlen in alten Bäumen.

Buntspecht

Dendrocopos major

Merkmale 25 cm; schwarzweiß, Unterschwanz rot, Männchen mit rotem Nackenfleck, Jungvögel mit roter Kopfplatte, wellenförmiger Flug; ruft scharf „kick" und trommelt häufig; ganzjährig.

Lebensweise Der bei Weitem häufigste Specht, in Wäldern, Streuobstwiesen, Parks und Gärten. Vom Buntspecht gezimmerte Baumhöhlen haben einen kreisrunden Eingang mit 5 cm Durchmesser. Man findet sie leicht, wenn die Spechte Junge haben: Deren Geschrei ist nicht zu überhören. Als Nahrung dienen vor allem Nadelbaumsamen und aus Stämmen und Stubben gemeißelte Insekten und deren Larven. Am Futterhaus schätzen Buntspechte Fettfuttergemische und Nüsse.

Elster

Pica pica

Merkmale 40–50 cm; unverwechselbar durch auffälliges Schwarz-Weiß, langen Schwanz und lautes, heiseres „tscheck-tscheck"; ganzjährig.

Lebensweise Elsternester lassen sich leicht erkennen: Die großen Reisigbauten sind mit dornigen Zweigen überdacht, als Schutz der Brut gegen Krähen. Vielseitigkeit und Intelligenz zeichnen viele Rabenvögel aus – auch die Elster. Ihre Findigkeit ist sprichwörtlich und lässt sie auch bei der Nahrungssuche nicht im Stich. Der Allesfresser (Insekten, Lurche, Kleinsäuger, Aas, Früchte) genießt einen zweifelhaften Ruf als Nestplünderer, hat aber keinen langfristigen Einfluss auf Singvogelbestände.

Eichelhäher

Garrulus glandarius

Merkmale 34 cm; rötlich braun, am Flügel hellblaues, schwarz gebändertes Feld, im Flug auffallend weißer Bürzel; bei Beunruhigung beharrliches lautes Rätschen; ganzjährig.

Lebensweise Während der Brutzeit überwiegend in Wäldern, ziemlich heimlich. Ansonsten, teilweise vom Nahrungsangebot gesteuert, weit herumstreichend. Für den Winter versteckt der Häher im Herbst große Mengen von Eicheln, Bucheckern und Haselnüssen. Vergessene Speisekammern tragen entscheidend zur Waldverjüngung bei. Am Futterplatz sind Eichelhäher meist scheu. Nüsse und Mais nehmen sie oft im großen Kehlsack mit und speisen anderswo.

Dohle

Coloeus monedula

Merkmale 32 cm; taubengroßer Rabenvogel mit grauem Nacken und auffällig hellen Augen; der typische Ruf ist ein lautes „kjack“; ganzjährig.

Lebensweise Einerseits ein Stadtvogel, der in nischenreichen alten Gebäuden brütet, andererseits auch in Felsspalten und größeren Baumhöhlen nistend. Weil der Bruterfolg in tieferen Höhlen größer ist, bevorzugen sie solche. Baumhöhlen werden als Brutplatz nur genutzt, wenn der Waldrand nicht fern ist. Dohlen suchen ihre Nahrung – Insekten, Spinnen, Regenwürmer – nämlich in offenem Gelände. Im Winter zusammen mit Saatkrähen an Schlafplätzen oft vieltausendköpfige Schwärme bildend.

Rabenkrähe

Corvus corone

Merkmale 50 cm; vollständig schwarz, kräftiger Schnabel; lautes, aber individuell sehr unterschiedliches „kraah“; östlich der Elbe wird die Rabenkrähe durch die Nebelkrähe (grauer Körper) ersetzt; auch leicht mit der Saatkrähe (nackte weiße Kehle) zu verwechseln; ganzjährig.

Lebensweise Rabenkrähen besiedeln die offene Landschaft und meiden den Wald. Ihre stabilen Nester haben etwa 60 cm Durchmesser. Sie werden meist in Astgabeln im Kronenbereich der Bäume angelegt und können mehrere Jahre genutzt werden – ob durch die Baumeister selbst oder durch „Nachmieter“ wie Turmfalken oder Waldohreulen. Rabenkrähen sind findige Allesfresser.

Kleiber

Sitta europaea

Merkmale 14 cm; halslos und kurzschwänzig, oben graublau, unten orangebraun, schwarzer Augenstreif, langer spitzer Schnabel; ganzjährig.

Lebensweise Der Kleiber ist der einzige heimische Vogel, der auch kopfunter klettern kann. Er entfernt sich selten weit von Bäumen. Altholzbestände werden bevorzugt, Eichen geliebt. Ihre raue Borke bietet viele Verstecke für Spinnen und Insekten. Im Winter lebt der Kleiber von Baumsamen, vor allem Bucheckern und Hainbuchenfrüchten. Kleiber sind Höhlenbrüter, die sich den Eingang zur Bruthöhle maßschneidernd verkleinern. Zementhart werdender Lehm sorgt dafür, dass größere Konkurrenten draußen bleiben müssen.

Gartenbaumläufer

Certhia brachydactyla

Merkmale 13 cm; durch seine Rindenfarbe hervorragend getarnt, verrät sich aber oft durch den Ruf, ein hohes durchdringends „tüüt“, langer dünner und gebogener Schnabel, Stützschwanz; ganzjährig.

Lebensweise Baumläufer bauen ihre Nester „zwischen Baum und Borke“ in senkrechten Spalten hinter abstehenden Rindenteilen. Auch zur Nahrungssuche sind sie fast immer an großen Bäumen unterwegs. Dort arbeiten sie sich von unten nach oben vor und untersuchen mit dem feinen Schnabel jede Ritze der Borke nach kleinen Insekten und Spinnen. Im Winter werden auch kleine Samen und Flechtenstücke genommen.

Blaumeise

Cyanistes caeruleus

Merkmale 11 cm; blaue Kappe, weiße Wangen und schwarzer Augenstreif, blaue Flügel und gelber Bauch; ganzjährig.

Lebensweise Lichte höhlenreiche Laubwälder mit reichem Unterwuchs sind echte Blaumeisen-Paradiese. Je stärker sich Gärten diesem Ideal nähern, desto wohler fühlen sich die hübschen Vögel. Nistkästen werden problemlos akzeptiert. Bietet man Kästen mit Fluglochdurchmessern von 26–28 mm an, wird dickere (also stärkere) Konkurrenz ausgeschlossen. Mit bis zu 17 Eiern sind Blaumeisen sehr kinderreich. Zur Nahrungssuche turnen sie oft kopfunter in den äußersten Zweigspitzen und lesen mit ihrem Schnabel Insekten und Spinnen ab.

Kohlmeise

Parus major

Merkmale Mit 14 cm die größte Meise; schwarzer Kopf mit weißen Wangen, Bauch gelb mit schwarzem Längsstrich; auffälliger Gesang, schon im Winter laut metallisch „zii-bä zii-bä …" oder „zi-zi-täh, zi-zi-täh …"; ganzjährig.

Lebensweise Kohlmeisen sind echte „Allrounder". Sie sind überaus anpassungsfähig und gehören deshalb zu den häufigsten Gartenvögeln. Mit Nistkästen kann man ihnen leicht helfen. Im Sommer fressen Kohlmeisen hauptsächlich Insekten, im Winter auch Pflanzensamen. Am Futterhaus gehören sie zu den auffälligsten Arten. Ein kräftiger Körnerfresser-Schnabel fehlt ihnen zwar; die Meißeltechnik führt aber zum Ziel.

Tannenmeise

Periparus ater

Merkmale 11 cm; ähnlich einer kleinen Kohlmeise, aber weniger bunt und mit weißem Nackenstreif; singt eilig klagend „wit-jä wit-jä wit-jä …“; ganzjährig.

Lebensweise Der Name passt: Tannenmeisen mögen Nadelbäume – Fichten allerdings noch lieber als Tannen – und brüten am liebsten in Nadelwäldern. Im Winter sind sie aber sehr mobil und auch in Gärten nicht selten, vor allem wenn Koniferen und Futterstellen locken. Jetzt sind die Samen von Fichte und Tanne wichtigste Nahrungsquelle. Im Sommer leben Tannenmeisen dagegen von Insekten und Spinnen. Sie sind auch wichtige Gegenspieler von Forstschädlingen: Raupen spielen als Kinderfutter eine große Rolle.

Sumpfmeise

Poecile palustris

Merkmale 12 cm; graubraun, mit schwarzem Oberkopf, weißen Wangen und kleinem schwarzem Kinnfleck; ganzjährig.

Lebensweise Sumpfmeisen sind ziemlich sesshaft. Die bei anderen Meisen vorkommenden winterlichen „Invasionen“ kennt man von ihnen nicht. Meist sieht man also nur einen oder zwei Vögel. Zwar lässt sich auch diese Meisenart mit Nistkästen unterstützen; lieber brüten Sumpfmeisen aber in Naturhöhlen. Im Gegensatz zu anderen Meisen werden sie dabei selbst aktiv und erweitern durch Fäulnis entstandene Höhlenansätze durch kräftiges Hacken mit dem Schnabel so lange, bis es passt.

Mauersegler

Apus apus

Merkmale 18 cm; im Flug schwalbenähnlich, aber mit extrem schmalen, sichelförmigen Flügeln und auch unterseits ganz dunkel; durchdringend laute „srieh"-Rufe; Mai bis September.

Lebensweise In alten Gebäuden oft in Kolonien brütender Stadtvogel. An Sommerabenden jagen die Segler in dichten Trupps laut rufend zwischen den Häusern. Als extrem gute Flieger – 1.000 Kilometer am Tag sind kein Problem – sind sie überall dort unterwegs, wo es Nahrung gibt: „Luftplankton", kleine Insekten, die sie mit ihrem kescherartigen Schnabel erbeuten. Ihre spezielle Vorliebe macht sie zu reinen Sommervögeln: So kurz wie die Mauersegler ist kein anderer Zugvogel bei uns.

Rauchschwalbe

Hirundo rustica

Merkmale 17–21 cm; glänzend blauschwarz mit heller Unterseite und braunrotem Gesicht, tief gegabelter Schwanz mit langen (bei Jungvögeln noch kaum ausgebildeten) Schwanzspießen; April bis September.

Lebensweise Rauchschwalben sind Kulturfolger. Sie bauen ihre Nester im Inneren von Ställen und anderen Bauwerken. Ein kleiner Vorsprung – ein Balken, Leitungsrohr oder eine Stalllaterne – genügt als Halt für das napfförmige Nest. Dieses besteht aus getrocknetem Schlamm mit einigen Pflanzenstängeln. Rauchschwalben leben nur von Insekten, die sie in schnellem und wendigem Flug erbeuten. Viehweiden und Gewässer sind beliebte Jagdreviere.

Mehlschwalbe

Delichon urbicum

Merkmale 14 cm; schwarz mit mehlweißer Unterseite und leuchtend weißem Bürzel, Schwanz nur leicht gegabelt; April bis Oktober.

Lebensweise Wie die Rauchschwalbe ein Kulturfolger. Während diese eher die Landwirtschaft schätzt, besiedelt die Mehlschwalbe auch Städte. Mehlschwalben lieben Gesellschaft. Die aus Schlamm gebauten Viertelkugeln ihrer Nester, die nur einen kleinen Einschlupf offen lassen, sind meist kolonieartig unter Dachvorsprünge gereiht. Die Kolonien bleiben oft viele Generationen bestehen. Brauchbare Nester werden im nächsten Jahr wieder bezogen, Ruinen repariert. Kunstnester werden gerne angenommen.

Zilpzalp

Phylloscopus collybita

Merkmale 11 cm; graubraun bis gelblich-grün, feiner Insektenfresser-Schnabel, dünner heller Überaugenstreif; März bis Oktober, ausnahmsweise überwinternd.

Lebensweise Laubsänger – zu dieser Gruppe gehört der Zilpzalp – sind am Gesang viel leichter zu bestimmen als am Federkleid. Mit seinem anhaltend wiederholten monotonen „zilp zalp" gehört der Zilpzalp zu den ersten Frühlingsboten. Im Frühjahr hat man die besten Chancen, den heimlichen Vogel nicht nur zu hören, sondern auch zu sehen: Immer in Bewegung sucht er die Kätzchen der blühenden Weiden nach Insekten ab – daher sein Zweitnamen „Weidenlaubsänger".

Mönchsgrasmücke

Sylvia atricapilla

Merkmale 14 cm; grau mit schwarzer (Männchen) oder rotbrauner (Weibchen und Jungvögel) Kopfplatte; März bis November.

Lebensweise Sie ist einer unserer besten (und häufigsten) Sänger. Die leise plaudernd beginnenden und laut flötend endenden Strophen ertönen überall, wo es im dichten Unterholz Brutmöglichkeiten gibt. Ihr Nest baut die Mönchsgrasmücke in Astgabeln im dichten Gewirr der Sträucher, meist kaum höher als einen Meter über dem Boden. Während der Brutzeit überwiegend Insektenfresser, vor dem Wegzug im Herbst zunehmend auch Früchte (Holunder, Heckenkirsche, Hartriegel, Efeu).

Klappergrasmücke

Sylvia curruca

Merkmale 13 cm; graubraun mit grauem Scheitel und dunklerer Maske um Auge und Ohr, Unterseite hell, Kehle weiß; April bis September; selten überwinternd.

Lebensweise Ihre Gesangsstrophen enden mit lautem hölzernem Klappern – der beste Hinweis auf das sonst eher heimliche „Müllerchen". Klappergrasmücken sind Langstreckenzieher, die erst lange nach der Mönchsgrasmücke hier eintreffen. Ihr Nest bauen sie gerne in Dornsträucher. Die Jungen verlassen das Nest oft noch völlig flugunfähig bereits nach zwölf Tagen, werden aber noch drei Wochen intensiv betreut. Klappergrasmücken fressen kleine Insekten, im Herbst auch Beeren.

Heckenbraunelle

Prunella modularis

Merkmale 13,5 cm; braun gestreift mit grauem Kopf, feiner Insektenfresser-Schnabel; März bis Oktober.

Lebensweise Ihren Namen trägt sie nicht zufällig: Ohne dichtes Unterholz keine Heckenbraunelle. Die „graue Maus" unter den Singvögeln ist leichter zu hören als zu sehen. Ihr hastig zwitscherndes Lied erklingt oft von einer Baumspitze, sonst lebt sie aber ziemlich versteckt. Kleine bis winzige Insekten, Spinnentiere und Landschnecken bilden die Sommernahrung. In den übrigen Jahreszeiten kommen Pflanzensamen dazu, zum Beispiel die von Vogelmiere und Vogelknöterich. Beeren interessieren sie nicht.

Bachstelze

Motacilla alba

Merkmale 18 cm; schlank mit dünnem Schnabel und langem Schwanz, der fast ständig in wippender Bewegung ist, Färbung schwarz, weiß und grau; wellenförmiger Flug und auffälliger zweisilbiger „tsi-lipp-"Ruf; Februar bis November.

Lebensweise Kommt Wasser in offener Landschaft mit Viehhaltung zusammen oder gibt es genügend vegetationsfreie oder -arme Stellen zur Nahrungssuche, wird man die Bachstelze nicht lange suchen müssen. Sie nistet gern in Nischen an Gebäuden, an Brücken oder Wehren. Bachstelzen sind fast ständig in Bewegung, meist emsig auf dem Boden trippelnd. Sie ernähren sich ausschließlich von Insekten und Spinnentieren.

Grauschnäpper

Muscicapa striata

Merkmale 14 cm; aufrechte Haltung, grau, gestrichelter Scheitel, spitzer und breiter Schnabel; Mai bis September.

Lebensweise Obwohl farblich nicht hervorstechend, ist der Grauschnäpper ein auffälliger Vogel: Fast ständig aufgeregt mit Schwanz und Flügeln zuckend, startet er seine Jagd auf vorbeifliegende Insekten von exponierten Warten, auf die er meist sofort wieder zurückkehrt. Ein Sangeskünstler ist er nicht. Viel mehr als ein hohes, durchdringendes „zit" hat er nicht zu bieten. Sein etwas schlampig wirkendes Nest baut er in Nischen von Bäumen oder Gebäuden, nicht selten auch in Kletterpflanzen. Mit Halbhöhlen-Nistkästen und Hausbegrünung können wir helfen.

Rotkehlchen

Erithacus rubecula

Merkmale 13 cm; rundlich mit großen Augen und feinem Insektenfresser-Schnabel, braun, Kehle und Brust orangerot; ganzjährig.

Lebensweise Zur Brutzeit muss man im Garten auf Rotkehlchen meist verzichten. Dann bevorzugen sie unterholzreiche feuchte Wälder. Im Winter sind sie dann da, verteidigen sogar Reviere gegen Artgenossen – und sorgen mit ihrem melodischen Gesang in der Dämmerung für (verfrühte) Frühlingsgefühle. Im Sommer fressen Rotkehlchen ausschließlich Insekten und Spinnentiere, die sie am Boden erbeuten. Später gewinnen Beeren an Bedeutung: Liguster, Hartriegel, Holunder, Pfaffenhütchen oder Efeu.

Hausrotschwanz

Phoenicurus ochruros

Merkmale 14 cm; Männchen schwärzlich und meist mit weißem Flügelfeld, Weibchen dunkelgraubraun, beide mit rotbraunem Schwanz, typisches Knicksen mit Schwanzzittern; März bis Oktober, selten überwinternd.

Lebensweise Früher fast nur an Felsen brütend hat der Hausrotschwanz die Welt der „Kunstfelsen" entdeckt und nistet überall an (und in) Gebäuden. Er baut sein Nest auf Balken und in Mauernischen. Nahrung sammelt der Insekten- und Spinnenjäger überwiegend am Boden. Im Sommer und Herbst werden auch Beeren gefressen. Im morgendlichen Vogelkonzert startet er mit seinen kratzig klingenden Strophen als Erster.

Gartenrotschwanz

Phoenicurus phoenicurus

Merkmale 14 cm; Gestalt und Schwanzzittern wie Hausrotschwanz, Männchen mit grauem Rücken, rotem Bauch, schwarzem Gesicht und weißer Stirn, Weibchen bis auf den rotbraunen Schwanz einfarbig hellbraun; April bis Oktober.

Lebensweise Große Bäume spielen eine wichtige Rolle im Leben des Gartenrotschwanzes. Seinen melodischen Gesang trägt das Männchen gerne von Baumspitzen vor. Zur Brut wird eine Höhle gebraucht - oder ein Nistkasten. Anders als der Hausrotschwanz ist er ein Langstreckenzieher, der erst spät aus Afrika eintrifft. Deshalb sollte das Nistkastenangebot im Garten so groß sein, dass er noch eine Chance auf dem Wohnungsmarkt hat.

Haussperling, Spatz

Passer domesticus

Merkmale 15 cm; kräftiger Schnabel, oberseits braun gestreift, unterseits schmutzig grau, Männchen mit grauem Scheitel und schwarzem Latz; ganzjährig.

Lebensweise Spatzen sind Allesfresser mit einem Faible für Getreide, weshalb sie früher als Schädlinge galten. Inzwischen brauchen sie Schutz. Zwar sind sie sehr findig: Wo Spalten hinter Verschalungen oder unter Dächern Raum bieten, bauen sie ihre Nester. Zunehmend werden Zugänge bei der energetischen Sanierung von Häusern aber versiegelt. Nistkästen helfen. Weil ein Spatz kein eigenes Revier beansprucht, können es „Mehrfamilienhäuser" sein.

Feldsperling

Passer montanus

Merkmale 14 cm; Statur ähnlich Haussperling, durch braune Kappe und schwarzen Wangenfleck aber leicht unterscheidbar, Geschlechter gleich gefärbt; ganzjährig.

Lebensweise Seinem Namen entsprechend ein Vogel der Agrarlandschaft mit Alleen und Hecken, Feldgehölzen und Streuobstwiesen, Waldrändern und Gehöften. Parks und Gärten werden ebenfalls besiedelt, Städte aber gemieden. Feldsperlinge sind Höhlenbrüter und gehen auch gerne in Nistkästen. Für den Samenfresser spielen Wildkräuter wie Gänsefuß, Vogelknöterich oder Vogelmiere und Wildgräser eine große Rolle. Die Jungen erhalten fast ausschließlich Insekten.

Buchfink

Fringilla coelebs

Merkmale 15 cm; schlank und langschwänzig, mit kräftigem Schnabel, Männchen bunt mit blaugrauer Kappe, rötlicher Unterseite und zwei weißen Flügelbinden, Weibchen blasser; ganzjährig.

Lebensweise Ein oft zu hörendes lautes „pink" hat dem Finken seinen Namen gegeben. Der schmetternde Gesang („Finkenschlag") ertönt im Frühjahr überall. In Deutschland gehört der Buchfink zu den häufigsten Vogelarten. Für den Nestbau werden Laubbäume bevorzugt. Der tiefe Napf wird außen mit Flechtenstücken getarnt. Während der Brutzeit fressen Buchfinken hauptsächlich Insekten, später Samen von Wildkräutern, im Winter dann vor allem Baumsamen.

Bergfink

Fringilla montifringilla

Merkmale 15 cm; Gestalt ähnlich Buchfink, am einfachsten am weißen (statt grünlichen) Bürzel und der orange getönten Brust unterscheidbar; ruft nasal „quäik"; Oktober bis April.

Lebensweise Bergfinken brüten in der Waldzone des Nordens. Wie viele Bergfinken uns im Winter besuchen, hängt stark vom Bruterfolg und Nahrungsangebot ab. In „Mastjahren" der Buche können sich Schlafplätze bilden, die allabendlich von Hunderttausenden oder gar Millionen von Vögeln aufgesucht werden – ein beeindruckendes Naturschauspiel! Bergfinken erscheinen dann auch an Futterplätzen und interessieren sich dort vor allem für größere Samen wie Sonnenblumenkerne.

Kernbeißer

Coccothraustes coccothraustes

Merkmale 17 cm; massig, mit großem Kopf und Schnabel (im Sommer blaugrau, im Winter gelbbraun), im Flug auffallend weißer Flügelstreifen; ganzjährig.

Lebensweise Eichen-Hainbuchenwälder oder reife Buchenwälder sind seine bevorzugten Lebensräume, darüber hinaus auch Streuobstwiesen und Parks mit alten Bäumen. In den Garten locken ihn Winterfutterplätze. Sein starker Schnabel erschließt ihm Nahrungsquellen, die sonst kaum einer nutzen kann: Ab Juni findet man die großen Finken in Kirschbäumen, wo sie Kerne knacken, im Winter ernähren sie sich überwiegend von den ebenfalls extrem harten Samen der Hainbuche.

Gimpel, Dompfaff

Pyrrhula pyrrhula

Merkmale 16 cm; dick und gemütlich wirkend, schwarze Kappe, leuchtend hellrote (Männchen) oder graue (Weibchen) Unterseite und im Flug auffallend weißer Bürzel; weiches, melancholisch abfallendes „djü"; ganzjährig.

Lebensweise Zu einem vielfältigen Samen- und Beerenangebot müssen noch gute Verstecke für das Nest kommen, damit sich Gimpel wohlfühlen. Optimal sind unterholzreiche Nadel-Laubmischwälder. Im Herbst fressen Gimpel die Samen von Kräutern und Stauden, im Winter die von Sträuchern und Bäumen (vor allem die Kerne der Vogelbeere), im Frühjahr hauptsächlich Knospen.

Girlitz

Serinus serinus

Merkmale 11 cm; klein, mit winzigem Schnabel, stark gestreift, Männchen mit viel Gelb an Kopf, Brust und Bürzel, Weibchen blasser; März bis Oktober.

Lebensweise Er ist ein Kulturfolger; seine höchsten Dichten erreicht er in Siedlungen. Er braucht Bäume zum Brüten und freie Bodenflächen mit Ruderalflora („Unkrautfluren") zur Nahrungssuche. Geschätzt werden Samen von Wildkräutern wie Hirtentäschel oder Löwenzahn. Während viele Finken ihre Jungen mit Insekten großziehen, verfüttern Girlitze einen Brei aus vorverdauten Sämereien. Den hoch quietschenden Gesang („ungeölter Kinderwagen") tragen sie oft von Antennen oder im taumelnden Singflug vor.

Grünfink

Chloris chloris

Merkmale 15 cm; heller Schnabel, leuchtend gelbes Flügelfeld und gelbe Schwanzbasis, Männchen mit grünlicher Körperfärbung, Weibchen matter gefärbt; ganzjährig.

Lebensweise Abwechslungsreiche Siedlungen mit Gärten und Bäumen bieten ihm hervorragende Lebensbedingungen. Sein trillernder Gesang erinnert an den des Kanarienvogels. Die Brut beginnt bereits, bevor die Laubbäume austreiben; deshalb bauen Grünfinken ihre Nester gerne in immergrüne Gehölze. Gefressen wird alles Mögliche, Hauptsache pflanzlich: kleine „Unkraut"-Samen, Hagebutten, Bucheckern und Hainbuchenfrüchte, auch Vogelmiere.

Stieglitz, Distelfink

Carduelis carduelis

Merkmale 12,5 cm; zierlich, mit spitzem Schnabel, roter Gesichtsmaske und markant schwarz-weiß-gelben Flügeln; ruft hell „stigelitt"; ganzjährig.

Lebensweise Stieglitze nisten in den Kronen von Laubbäumen. Auch während der Brutzeit sind die kleinen Finken sozial: Mehrere Nester können dicht benachbart sein. Später sind sie oft in Trupps auf Brachflächen unterwegs, wo die Samenspezialisten genügend Nahrung finden, zum Beispiel Disteln oder Karden. Mit ihrem Pinzettenschnabel sind sie geschickt bei der Samenernte. Wird das Staudenbeet nicht gleich nach der Blüte abgeräumt, erscheinen die bunten Vögel auch im Garten, wo sie auch gerne Futterspender besuchen.

Erlenzeisig

Spinus spinus

Merkmale 12 cm; gelbgrün, fein gestreift, auffallende gelbe Flügelbinde, tief gekerbter Schwanz, Männchen kontrastreicher und mit schwarzem Scheitel; ganzjährig.

Lebensweise Zur Brutzeit vor allem in Fichtenwäldern. Im Herbst und Winter auf der Suche nach Nahrung in großen Trupps weit umherstreifend. Schwarz- und Grauerle werden schon vor der Samenreife und dann den ganzen Winter hindurch intensiv genutzt. An sonnigen Wintertagen gehört das Schwätzen der Zeisige zu den erlengesäumten Bachläufen. An Futterplätzen nutzen Zeisige gerne Meisenknödel, auf denen sie ebenso akrobatisch herumturnen wie in den Baumkronen.

Bluthänfling

Linaria cannabina

Merkmale 13 cm; Männchen mit grauem Kopf, braunem Rücken, roter Stirn und roter Brust, Weibchen ohne Rot, weißes Flügelfeld vor allem im Flug zu sehen; ganzjährig.

Lebensweise Auf Bäume kann der Hänfling, ein wärmeliebender Brutvogel offener Landschaften, verzichten: Er baut sein Nest oft gut versteckt in niedrigen Sträuchern oder sogar am Boden. Erhöhte Singwarten genügen dem Männchen, um sein leuchtendes Rot zur Geltung zu bringen. Stimmt die Nahrungsbasis, Sämereien von Kräutern und Stauden, brüten Hänflinge auch in Gärten. Damit ist der Bluthänfling weitgehend abhängig von den Pflanzen, die gemeinhin zum „Unkraut" gezählt werden.

Goldammer

Emberiza citrinella

Merkmale 16 cm; Männchen mit leuchtend gelbem Kopf und braun gestreiftem Rücken, im Winter wie die Weibchen nur mit wenig Gelb am Kopf; ganzjährig.

Lebensweise Ihr Gesang („wie wie wie hab ich dich liiieeeb") prägt die von Hecken durchzogene bäuerliche Kulturlandschaft. Ihr Nest liegt gut versteckt am Erdboden oder im Gebüsch knapp darüber. Im Sommer sind Goldammern eher Insektenfresser, im Winter überwiegt pflanzliche Nahrung. Neben Sämereien von Wildpflanzen spielt Getreide eine große Rolle. Winterfütterungen werden nur in Ortsrandlage besucht; dort bleiben Goldammern meist am Boden und picken gerne Hafer oder Haferflocken.

Pflanzen für Vögel

Fast unermesslich ist die Zahl der Pflanzenarten, die für einen Garten infrage kommen. Selbst wer sich – im Sinne eines reinen Naturgartens – strikt auf heimische Arten begrenzt, hat in aller Regel viel mehr Möglichkeiten als Platz. Die hier vorgestellte kleine Auswahl kann deshalb nur Impulse geben. Sie enthält einerseits einige Bäume und Büsche, die als Brutraum und Nahrungsquellen große Bedeutung haben, andererseits Stauden und Kräuter, an denen sich Vögel direkt (meist über Samen) oder indirekt (über Insekten) versorgen.

Salweide

Salix caprea

Merkmale Bis zu 9 m hoch, wächst extrem schnell, kann aber auch radikal beschnitten werden; die Weidenkätzchen – männliche Blütenstände – blühen im März und April.

Für Vögel Die Bienenweide schlechthin: Eine blühende Salweide ist schon mit geschlossenen Augen erkennbar, so laut brummt und summt es dort. Bienen, Hummeln, Schwebfliegen, Schmetterlinge, manche von ihnen frisch aus dem Winterversteck erwacht, viele auch auf eine kurze Flugzeit im Frühjahr beschränkt. Die Insekten locken auch Singvögel wie den Zilpzalp in die Weiden, der seinen Zweitnamen „Weidenlaubsänger" nicht umsonst trägt. Als einer der ersten Insektenfresser kehrt er ins Brutgebiet zurück.

Hainbuche

Carpinus betulus

Merkmale Leicht beschneidbarer, meist nur bis zu 20 m hoher Baum; Blüte vor Blattaustrieb im März/April, trägt kleine Nüsschen mit einem dreilappigen, als Flugapparat dienenden Tragblatt ab September.

Für Vögel Hainbuchen lassen sich ideal zu „lebenden Zäunen" schneiden. Weil sie das dürre Laub bis zum nächsten Frühjahr behalten, bieten sie Vögeln auch im Winter Sichtschutz und Fluchtraum. Auch die bei Finken (vor allem Kernbeißern und Grünfinken, aber auch Kreuzschnäbeln und Gimpeln) beliebten Samen bleiben am Baum. Sie entwickeln sich allerdings nicht an zur Hecke geschnittenen Pflanzen, sondern nur an wenigstens zehnjährigen Einzelbäumen.

Hasel

Corylus avellana

Merkmale Schnellwachsender, wenige Meter hoher Strauch; blüht von Februar bis April, wobei vor allem die gelben männlichen Blütenkätzchen sehr auffallen; reife Nüsse ab September.

Für Vögel Die Pollen der bereits im Spätwinter blühenden Sträucher sind die erste Nahrung, die Insekten und damit auch insektenfressende Vögel anlockt. Im Herbst freuen sich Buntspechte und Eichelhäher ebenso über die Nüsse wie Eichhörnchen und Mäuse. Weil die Hasel keinen Hauptstamm hat, sondern aus gleichwertigen Trieben aufgebaut ist, bietet sie guten Sichtschutz. Und wenn sie einem über den Kopf wächst: kein Problem, weil Haseln einfach auf Stock gesetzt werden können.

Vogelbeere

Sorbus aucuparia

Merkmale Schmächtiger schnellwüchsiger Laubbaum; blüht in reichen weißen Doldenrispen von Mai bis Juni, fruchtet mit orangefarbenen Beeren ab Spätsommer.

Für Vögel Im Frühjahr ziehen Blütenstände in großer Zahl Bienen, Käfer und Fliegen an. Im Herbst und Winter sind es die Beeren, die ihren Namen nicht umsonst tragen. Roh sind sie für Menschen leicht giftig, gekocht ergeben sie eine gute Marmelade. Vögel und Eichhörnchen nutzen Vogelbeeren in großem Stil erst nach dem ersten Frost – größere Bäume stellen dann einen guten Wintervorrat für Drosseln, Finken wie den Gimpel und sehr viele andere Arten.

Apfelbaum

Malus domestica

Merkmale Vom auch heute noch wild an Waldrändern wachsenden Holzapfel stammen zahlreiche Kultursorten ab. April bis Mai ist Blütezeit, die Äpfel reifen zwischen Juli und November. Alte regionale Sorten sind den Standorten oft am besten angepasst.

Für Vögel Die Blüten werden von Bienen ihres zuckerreichen Nektars (75 Prozent!) wegen bevorzugt angeflogen. Auch später sind Obstbäume sehr insektenreich. Ein Nistkasten im Apfelbaum hilft gegen allzu großen Schaden durch Insekten – dieser Aspekt war es, der vor über 100 Jahren den Vogelschutz mit dem Nistkasten populär machte. Im Herbst lockt das (Fall-)Obst Drosseln in den Garten, die Apfelschnitze auch an Winterfutterplätzen schätzen.

Abendländischer Lebensbaum

Thuja occidentalis

Merkmale Immergrüner, bis zu 10 m hoher Nadelbaum; Zapfen 1–2 cm lang, dünnholzig, öffnen sich beim Reifen und geben die geflügelten Samen frei. Thuja ist giftig.

Für Vögel Der aus Amerika stammende Baum gilt als ökologisch nicht korrekt und ist im Naturgarten verpönt. Im Winter bietet er Vögeln aber guten Schutz vor Wind und Wetter. Finken schätzen die leicht zugänglichen Samen. Die früh im Jahr brütenden Grünfinken und Bluthänflinge bauen ihre Nester gerne gut versteckt im immergrünen Gezweig. Fazit: Ein Thujabäumchen im Garten ist durchaus in Ordnung!

Weißdorn

Crataegus-Arten

Merkmale Wenige Meter hohe Sträucher aus der Familie der Rosengewächse, leicht zu beschneiden, deshalb auch als Heckenpflanze geeignet. Blütezeit Mai bis Juni, Früchte ab September.

Für Vögel Der Weißdorn gehört zu den vielseitigsten Gehölzen. Die weißen Blüten produzieren reichlich Nektar und sind damit für viele Insekten bis hin zum Rosenkäfer höchst attraktiv. Im dichten Gezweig und von den Dornen geschützt, lassen sich gut Nester bauen; zusätzliche Verzweigungen können durch gezielten Schnitt leicht geschaffen werden. Schließlich die roten Früchte, von denen Vögel weniger das mehlige Fruchtfleisch als die davon befreiten Kerne gerne fressen.

Blutroter Hartriegel

Cornus sanguinea

Merkmale Blutrot ist die Rinde der jungen Zweige, im Herbst sind auch die Blätter rot gefärbt. Kleine weiße Blüten in auffälligen schirmförmigen Dolden im Mai und Juni, schwarze beerenartige Steinfrüchte ab September.

Für Vögel Hartriegel ist eine wertvolle Ergänzung für Hecken und Grenzgebüsche, aber Vorsicht: Er breitet sich über Wurzelausläufer stark aus! Der Strauch überzeugt auch ästhetisch durch sein schönes Laub und die Herbstfärbung. Im Frühjahr finden sich hier ähnliche Insekten ein wie auf dem Weißdorn (Fliegen- und Käferarten, aber auch Bienen), die Früchte sind dagegen saftiger und locken eher am Fruchtfleisch interessierte Grasmücken als Kerne fressende Finken an.

Schwarzer Holunder

Sambucus nigra

Merkmale Schnellwüchsiger Strauch mit gefiederten Blättern und rauer Borke auf nicht zu trockenen Böden. Blüht in duftenden weißen Trugdolden im Mai/Juni und fruchtet im August/September.

Für Vögel Aus Vogel- wie aus Menschenperspektive (Blüten: Fliedersekt, Sirup, Tee; Früchte: Saft, Marmelade) ist der Holunder extrem vielseitig. Seine Blütenstände wimmeln oft von Insekten. Die Früchte werden von sehr vielen Singvögeln besonders geschätzt. Aus auf 15 cm Länge geschnittenen Wasserreisern lassen sich Nisthilfen für Wildbienen herstellen; zum Wohnungsbau höhlen die Insekten das weiche Mark aus.

Liguster

Ligustrum vulgare

Merkmale Niedriger Strauch mit kleinen, dunkelgrün glänzenden Blättern; blüht im Juni und Juli mit kleinen weißen Blüten in dichten Rispen, die schwarzen Beeren reifen im September.

Für Vögel Liguster ist vor allem als Heckenpflanze beliebt, weil er sich besonders leicht in Form schneiden lässt und sein Laub in milderen Lagen auch im Winter noch lange Sichtschutz bietet. Allerdings blüht und fruchtet so geschnittener Liguster selten. Anders, wenn er als Busch oder, noch besser, kombiniert mit Weißdorn und Hartriegel als Wildhecke gepflanzt wird. Dann ergänzt er das Blüten- und Fruchtangebot der anderen hervorragend.

Pfaffenhütchen

Euonymus europaeus

Merkmale Das sommergrüne Pfaffenhütchen blüht unscheinbar im Mai/Juni. Auffällig wird es erst später, einerseits durch die bunten Früchte, andererseits durch die rötliche Herbstfärbung.

Für Vögel Die kleinen weißlichen Blüten werden leicht übersehen. Dagegen sind die Früchte umso auffälliger: eine schrille Kombination von leuchtend rosavioletten Hüllen und orangefarben ummantelten weißen Samen, die aus der unten aufspringenden Fruchtkapsel hängen. Sie sind es auch, die Vögel locken. Als „Rotkehlchenbrot" bezeichnete Johann Friedrich Naumann, der Begründer der wissenschaftlichen Vogelkunde, das Pfaffenhütchen bereits im Jahr 1822 – und das ist es auch.

Heckenrose, Hundsrose

Rosa canina

Merkmale Spreizklimmer, der sich mithilfe seiner stacheltragenden Triebe in Gebüschen bis in 3 m Höhe hocharbeitet. Nicht besonders anspruchsvoll, schätzt aber wärmere Standorte mit tiefgründigen Lehmböden.

Für Vögel Etwas fürs Auge sind die Edelrosen. Die schlichte Heckenrose ist für Tiere aber viel interessanter: Blüten für Insekten, stachlige Ranken als Schutz für Nistplätze, Hagebutten als Nahrung im Herbst und Winter. Mit den großen Hagebutten der aus Ostasien stammenden Kartoffelrose *(Rosa rugosa)* kann man Grasmücken, Drosseln und Grünfinken eine besondere Freude machen.

Brombeere

Rubus fruticosus

Merkmale Die Brombeere gibt es nicht: Botanisch werden mehrere hundert Arten unterschieden. Entsprechend unterschiedlich sind Blütezeiten, Fruchtformen, Geschmack und die Ansprüche an den Standort. Manche der Arten bleiben auch im Winter grün.

Für Vögel Wenig bietet einen so guten Schutz gegen Nesträuber. Weder Bodenfeinde wie Katzen noch Elstern und Krähen, die aus der Luft gefährlich werden können, trauen sich in das Stacheldickicht. Hängen gebliebene Beeren werden gerne von Drosseln und Grasmücken gefressen. Auch als Nektarpflanze sind Brombeeren wertvoll. Bienen und vor allem Hummeln besuchen die rosaroten Blüten sehr gerne.

Wilder Wein, Jungfernrebe

Parthenocissus-Arten

Merkmale Ursprünglich nicht heimische Weinrebengewächse. Mehrere Arten mit verschiedenen Blattformen stehen zur Auswahl. P. inserta benötigt ein Spalier. Andere heften sich mit Haftscheibenranken fest an und können bis zu 15 m hohe Mauern überwachsen.

Für Vögel Blühend zieht der Wein vor allem Bienen an. Im dichten Blattwerk finden Vögel sowohl Nahrung als auch Nistmöglichkeiten. Schließlich überzeugt der Wilde Wein im Herbst doppelt: einerseits durch die kleinen blauen Beeren, die vor allem von Drosseln gerne gefressen werden, andererseits durch eine wunderschöne Rotfärbung.

Efeu

Hedera helix

Merkmale Efeu klettert an Bäumen und an Mauerwerk hoch, wächst aber auch als Bodendecker. Blüte- und Fruchtzeiten sind unkonventionell: Geblüht wird ab August bis in den Dezember, gefruchtet erst im nächsten Frühjahr ab März.

Für Vögel Efeu hält sich mit einem dichten Filz feinster Würzelchen. Als immergrüne Pflanze bietet er auch im Winter Nahrung und Schutz. Sein merkwürdiger Biorhythmus macht ihn für viele Arten attraktiv: Die ungewöhnlich nektarreichen Blüten sind im Spätherbst die letzten Nahrungsquellen für Insekten und werden sehr stark besucht. Im Frühjahr sind dann die Beeren bei Vögeln überaus begehrt.

Löwenzahn

Taraxacum officinale

Merkmale Ausdauernder Korbblütler mit Blattrosetten am Boden und bis zu 5 cm großen gelben Körbchenblüten mit je etwa 200 Zungenblüten; Blütezeit April bis September, Früchte ab Mai.

Für Vögel Bereits lange bevor die Samen der Pusteblumen per Windstoß auf die Reise gehen, ziehen sie Vögel an. Finken ernten bereits die noch unreifen („milchreifen") Samen; besonders für die Grünfinken sind sie auch eine wichtige Nahrung zur Jungenaufzucht. Die reifen Löwenzahnsamen enthalten bis zu 20 Prozent Öl und sind eine ergiebige Energiequelle für zahlreiche Vogelarten – ein guter Grund, wenigstens einige der gelben Frühjahrsboten im Rasengrün zu belassen.

Wegwarte

Cichorium intybus

Merkmale Ausdauerndes sommergrünes Korbblütengewächs, meist 50–100 cm hoch, mit 3–4 cm großen blauen „Blüten", die aus zahlreichen Zungenblüten zusammengesetzt sind; Blütezeit Juli bis Oktober.

Für Vögel Die ehemalige Kulturpflanze – die geröstete Wurzel ergibt Zichorienkaffee – ist in freier Wildbahn weit verbreitet. Als Gartenpflanze wird sie unterschätzt und selten gepflanzt. Die anspruchslosen Wegwarten blühen lange Zeit, wobei jede der auffälligen Blüten nur einen Vormittag geöffnet ist und dann von einer Vielzahl von Wildbienen- und Schwebfliegenarten besucht wird. Im Herbst holen sich vor allem Stieglitze die Samen.

Wilde Karde

Dipsacus fullonum

Merkmale Zweijährig, bis zu 2 m hoch, mit dornigem Stängel und Blättern und auffälligen Blütenständen: langen Walzen mit kleinen lilafarbenen Blüten. Blütezeit Juli bis August, Früchte ab September/Oktober.

Für Vögel Die kleinen Blüten öffnen sich zunächst in der Mitte des Blütenstandes; davon ausgehend wandern zwei Blütenkränze nach oben und unten. Der Nektar ist vor allem Schmetterlingen und langrüsseligen Hummeln zugänglich. Im Herbst erscheinen die Stieglitze. Ihnen stehen die Kardensamen dank ihres langen und spitzen Schnabels nahezu exklusiv zur Verfügung; sie bilden eine wichtige Herbst- und Winternahrung für die bunten Finken.

Kugeldistel

Echinops sphaerocephalus

Merkmale Zweijährige bis ausdauernde Staude aus der Familie der Korbblütler, 60–120 cm hoch, mit kugeligen Blütenständen, die sehr viele kleine blaue Blüten tragen. Blütezeit Juni bis August, Früchte ab September.

Für Vögel Die Blüten der Kugeldisteln liefern reichlich Nektar, der aber nur für Insekten mit langem Rüssel wie Schmetterlingen oder mit langen „Zungen" wie (Wild-)Bienen und Hummeln leicht zugänglich ist. Im Herbst werden die runden Köpfe gerne von Finken geplündert. Auch hier sind es vor allem die Stieglitze, die sich auf den schwankenden Stängeln besonders geschickt bewegen.

Schafgarbe

Achillea millefolium

Merkmale Ausdauernder krautiger Korbblütler, 30–60 cm hoch, mit weißen Blütenständen, die zu einer Trugdolde vereint sind. Blütezeit Juni bis Oktober.

Für Vögel Im Garten ist die Schafgarbe eher ein Fall für die Blumenwiese als fürs Beet. Die für die Staudenbeete angebotenen Varianten sind auf Schönheit gezüchtet und bieten weniger Nektar als die Wildform; man sammelt also am besten Saatgut auf der nächsten Wiese. Schafgarben werden gerne von Insekten besucht, die offen angebotenen Nektar schätzen: Schwebfliegen, Ameisen, Käfer. Die Samen der Schafgarbe sind zwar klein, enthalten aber 20 Prozent Öl und werden besonders von Finken geschätzt.

Kanadische Goldrute

Solidago canadensis

Merkmale Ausdauerndes krautiges Korbblütengewächs, bis zu 2,5 m hoch, mit sehr vielen winzigen Blütenständen in leuchtend gelben, bogig gekrümmten Trauben. Blütezeit August bis November.

Für Vögel Eine Pflanzempfehlung mit schlechtem Gewissen: Die aus Kanada stammende Art steht im Verdacht, heimische Wildkräuter zu verdrängen. Ihr Standort im Garten sollte so gewählt werden, dass ihre Ausläufer gut gekappt werden können. Trotzdem: Im Herbst gibt es keine bessere Nahrungspflanze für viele Insekten. Oft wimmeln die Blütenstände von Fliegen, Wespen, Bienen und davon angelockten Hornissen.

Wilde Möhre

Daucus carota

Merkmale Die zweijährige wilde Stammform der Karotte wird 30–100 cm hoch und blüht von Juni bis September auf Wiesen, an Wegrändern und zwischen Pflastersteinen.

Für Vögel Die Wilde Möhre steht hier stellvertretend für eine ganze Familie, die der Doldenblütler (Apiaceae). Ob Wilde Möhre oder Engelwurz (*Angelica sylvestris*), Kälberkropf *(Chaerophyllum)*, Wiesenkerbel *(Anthriscus sylvestris)* oder Bärenklau *(Heracleum sphondylium)*: Alle haben einen Blütenstand mit kleinen weißen, in großen Dolden vereinten Blüten. Sie locken durch ihren Nektarreichtum Insekten in großer Zahl an – und die wiederum sind die Lebensgrundlage vieler Gartenvögel.

Vogelmiere

Stellaria media

Merkmale Einjähriges Kraut aus der Verwandtschaft der Nelkengewächse, niederliegend am Boden wachsend, mit kleinen weißen Blüten. Blütezeit März bis Oktober.

Für Vögel Dieses typische „Unkraut" trägt seinen Namen Vogelmiere ganz zu Recht. Blattstückchen und Samen werden von vielen Gartenvogelarten sehr gerne gefressen, ob von Buch- oder Grünfink, Erlenzeisig, Bluthänfling, Girlitz oder Kernbeißer. Grund genug, die fast ganzjährig wachsende und grüne Vogelmiere nicht auszumerzen. Sie leistet auch als Bodendecker gute Dienste, der selbst im Winter vor Erosion und Austrocknung schützt. Nimmt sie überhand, ist die nur flach wurzelnde Pflanze auch schnell ausgerauft.

Weitere Informationen

Bücher

Berthold, P. und Mohr, G. (2021): Vögel füttern, aber richtig. Kosmos.

Fedders, M. (2022): Tierisch guter Garten. Kosmos.

Hecker, K. und H. (2020): Meine Vogel Snackbar. Kosmos

Hecker, K. und H. (2022): Mach was für Vögel. Kosmos.

Khil, L. (2021): Handbuch Vögel beobachten. Kosmos.

Mischitz, V. (2019): Birding für Ahnungslose. Kosmos.

Oftring, B. (2019): Bei dir piept's wohl! Kosmos.

Oftring, B. (2021): Worauf fliegst du? Kosmos.

Oftring, B. (2022): Tierisch guter Balkon. Kosmos.

Richarz, K. und Hormann, M. (2022): Nisthilfen für Vögel, Säugetiere, Insekten & Co. Aula.

Schäffer, A. und N. (2012): Gartenvögel. Naturbeobachtungen vor der eigenen Haustür. Aula.

Schäffer, A. und N. (2019): Gartenvögel rund ums Jahr. Aula.

Schmid, U. (2018): Vögel – zwischen Himmel und Erde. Kosmos.

Schmid, U. (2018): Welcher Gartenvogel ist das? Kosmos.

Schmolz, M. (2020): Die siehst du – Vögel um dich herum. Kosmos.

Singer, D. (2020) Vögel rund ums Futterhaus. Kosmos.

Singer, D. (2020): Welcher Vogel ist das? Kosmos.

Strauß, D. (2019): Gartenvögel lebensgroß. Kosmos.

Svensson, L., Mullarney, K. und Zetterström, D. (2017): Der Kosmos Vogelführer. Alle Arten Europas, Nordafrikas und Vorderasiens. Kosmos.

Weiß, F. (2021): Einfach Vögel – 100 Arten ganz leicht erkennen. Kosmos.

Weiß, F. (2022): Einfach Gartenvögel – 76 Arten ganz leicht erkennen. Kosmos.

Westphal, U. (2018): Das große Buch der Gartenvögel. Pala.

Vogelstimmen

Bergmann, H. und Engländer, W. (2019) Die Kosmos Vogelstimmen-Edition

Berthold, P. (2020): Mit Prof. Berthold einen zwitschern. Kosmos.

Internet

Informationen findest du auf den Internetseiten der Naturschutzverbände, z.B. www.nabu.de (hier auch: Stunde der Gartenvögel, Stunde der Wintervögel) www.lbv.de, www.bund.net.

www.naturgucker.de ist eine Plattform, auf der du Beobachtungen teilen kannst.

Auf www.ornitho.de melden viele erfahrene Vogelbeobachterinnen und -beoachter ihre Daten. Das ist auf über die App NaturaList per Smartphone direkt im Gelände möglich.

Funde von Federn lassen sich über www.featherbase.info vergleichen.

Apps

Vogelbestimmung auf dem Smartphone immer dabei: Empfehlenswerte Apps sind z.B. „Der Kosmos-Vogelführer", der zusätzlich zu den Inhalten des gedruckten Buchs (s.o.) auch Vogelstimmen enthält, sowie die Apps „NABU Vogelwelt" und „Merlin". Bei der Identifizierung von Vogelstimmen hilft „BirdNET".

Bezugsquellen

für Nistkästen, Füttergeräte und Vogelfutter

Strobel Naturschutzbedarf
Nitzschkaer Straße 29/1
04626 Schmölln-Kummer
www.naturschutzbedarf-strobel.de

Christoph & Franz Erdtmann OHG
Fabrikation und Großhandel
Söllerstraße 29–31
21481 Lauenburg / Elbe
www.erdtmann.com

Hasselfeldt Nisthilfen und Artenschutzprodukte
Dorfstraße 10
24613 Aukrug
www.nistkasten-hasselfeldt.de

GEVO GmbH
Am Nüttermoorer Sieltief 41
26789 Leer
www.gevo-gmbh.info

Vitakraft-Werke
Wührmann & Sohn GmbH & Co. KG
Mahndorfer Heerstraße 9
28307 Bremen
www.vitakraft.com

Vivara Naturschutzprodukte
Kaiserswerther Straße 115
40880 Ratingen
www.vivara.de

Schwegler Vogel- und Naturschutzprodukte GmbH
Heinkelstraße 35
73614 Schorndorf
www.schwegler-natur.de

Rahmer Mühle GmbH & Co. KG
Horkheimer Straße 67–71
74081 Heilbronn
www.rahmer-muehle.de

Welzhofer GmbH
Zur Mühle 8
86473 Schönebach
www.welzhofer.eu

Donath Wintervogelfutter
Bahnhofstraße 23
88250 Weingarten
www.wintervogelfutter.de

UV-Stifte für Fensterscheiben
www.birdpen.de

Rolli-Pet Tiernahrung GmbH
Angersberg 18
AT-4483 Hargelberg
www.rolli-pet.com

Register

Fette Zahlen verweisen auf Abbildungen

Bildnachweis

Mit 120 Farbfotos von:

Friedhelm Adam (5): S. 54, 65 re, 74 re, 75 re, 77 re; **Stefan Cölsch (3):** S. 39 untere Reihe li, mire, re; **Jürgen Diedrich (1):** S. 55 re; **Donath Wintervogelfutter (5):** S. 39 obere Reihe alle vier, untere Reihe mili, / **Mareike Fedders:** S.26; **Flora Press (6):** /Practical Pictures S. 2 u, 36, /Otmar Diez S. 19 re, /Botanical Images S. 40, /Mint Images S. 41 mi, /GWI S. 87 re; **Hans Fürst (1):** S. 71 re; **Gartenschatz GmbH (6):** S. 79 li, 81 re, 82 re, 86 li, /Heiko Bellmann S. 78, 83 re; **Thomas Grüner (1):** S. 67 re; **Alex Halley (1):** S. 76 re; **Frank Hecker Naturfotografie (35):** S. 2 o, 4, 7, 10, 13, 14 re, 17, 18, 19 li, 22, 25 li, 27, 31 li, 33 o, 35 o, 37 beide, 41 li, 43 beide, 44 alle vier, 48, 52, 53 re, 57 re, 64 re, 68 beide, 70 beide, 72 li, 73 re; **Manfred Höfer (2):** S. 69 li, 75 li; **Alfred Limbrunner (3):** S. 63 re, 71 li, 72 re; **Günter Moosrainer (3):** S. 56 li, 76 li, 77 li; **Panther-Media (26):** /Mechthild Bach S. 6, /Martina Berg S. 12, /Alexandra Buss S. 24, /Heinz-Jürgen Landshoeft S. 25 re, /Hendrik Fuchs S. 28, /oneworldimages S. 31 re, /globalphoto S. 38, /Sue Robinson S.46, /Michael Lane S. 47, /Uwe Fuchs S. 49, /asturianu S. 50, /Rudolf Güldner S. 62 li, /Alexander Erdbeer S. 66 li, /Roland Vogel S. 66 re, / Fabian Fopp S.67 li, /Thorsten Frisch S. 69 re, /Gerd Duckstein S. 73 li, /Sandra Matic S. 79 re, /lianem S. 80 li, /Sigrid Pfeifer S. 80 re, /Marta Jonina 81 li, /Robert Biedermann S. 82 li, /Peter Eggermann S. 84 li, / Hermann Otto Feis S. 85 li, /Thomas Steup S. 85 re; Ulrich Schmid (9): S. 8, 14 li, 15, 16, 53 li, 83 li, 84 re, 86 re, 87 li; **shutterstock (2):** /Vlasto Opatowsky S. 20, /gowithstock S. 41 re; **Reinhard-Tierfoto/Hans Reinhard (2):** S. 30 o, 32; **Sohns/Silvestris (1):** S. 55 li; **Peter Zeininger (7):** S. 56 re, 57 li, 62 re, 63 li, 64 li, 65 li, 74 li;

Mit 28 Illustrationen von:

Paschalis Dougalis (16): S. 21 alle 16
Hanna Wenzel, Illustration & Design (12): S. 7, 17, 25, 26, 29, 30, 32, 33, 34, 35, 42, 43;

Impressum

Umschlaggestaltung von GRAMISCI Editorialdesign/Claudia Geffert unter Verwendung von 6 Fotos und 21 Illustrationen von: mauritius images, Paul Weston, Alamy Stock Photos (Umschlagvorderseite), Frank Hecker (Umschlagrückseite), Ulrich Schmid (vordere Innenklappe), Jakob Schmid (Autorenfoto), Hanna Wenzel (Illustration vordere Innenklappe) und Paschalis Dougalis (Illustrationen hintere Innenklappe)

Mit 126 Fotos und 49 Illustrationen.

Alle Angaben in diesem Buch sind sorgfältig geprüft und geben den neuesten Wissensstand bei der Veröffentlichung wieder. Da sich das Wissen aber laufend in rascher Folge weiterentwickelt und vergrößert, muss jeder Anwender prüfen, ob die Angaben nicht durch neuere Erkenntnisse überholt sind. Dazu muss er zum Beispiel Beipackzettel zu Dünge-, Pflanzenschutz- bzw. Pflanzenpflegemitteln lesen und genau befolgen sowie Gebrauchsanweisungen und Gesetze beachten.
Die Blütenfarben sind sortenabhängig, daher können auch Farben auf dem Markt sein, die im Buch nicht genannt werden. Die Blütezeiten sind ebenfalls sortenabhängig, aber auch klima- und standortabhängig. Die angegebenen Wuchshöhen und -breiten der Pflanzen sind Mittelwerte. Sie können je nach Nährstoffgehalt des Bodens variieren. Verschiedene Sorten können deutlich größer oder auch kleiner wachsen als die Art.

Unser gesamtes Programm finden Sie unter **kosmos.de.**
Über Neuigkeiten informieren Sie regelmäßig unsere Newsletter, einfach anmelden unter **kosmos.de/newsletter**

Gedruckt auf chlorfrei gebleichtem Papier

ISBN 978-3-440-17651-1

Projektleitung: Birgit Grimm
Redaktion und Bildredaktion: Birgit Grimm
Gestaltungskonzept: GRAMISCI Editorialdesign/Claudia Geffert
Gestaltung und Satz: Daniela Petrini, A-Reutte
Produktion: Carolin Wacker
Druck und Bindung: Westermann Druck Zwickau GmbH
Printed in Germany / Imprimé en Allemagne

FSC www.fsc.org MIX Papier aus verantwortungsvollen Quellen FSC® C110508

NABU
Mach deinen Garten zu einer Augen- und Bienenweide – und zu einem Paradies für Schmetterlinge, Igel und Vögel.
Dein Garten.
Mein Zuhause.
Ideen und Tipps unter
www.NABU.de/gartenvielfalt